本書の随所で使用する例題データベース
（注文記録一覧）

注文　OrderT

注文番号	日付	会社 ID
OrderID	ODate	OCorpID
16001	2021-04-15	A011
16002	2021-05-11	B112
16003	2021-05-17	A011
16004	2021-06-23	A012

会社　CorpT

会社 ID	会社名	会社住所
CorpID	CorpName	CorpAddr
A011	丹沢商会	秦野市 XX
A012	大山商店	伊勢原市 YY
B112	中津屋	NULL
C113	墨田書店	東京都 ZZ

注文明細　DetailT

注文番号	商品名	価格	数量
OrderID	Item	Price	Qty
16001	パソコン	100	2
16001	ハードディスク	50	1
16001	テーブルタップ	2	4
16001	ディスプレイ	45	2
16002	ディジタルカメラ	30	1
16002	SD メモリカード	10	2
16003	フィルター	6	2
16003	パソコン	90	3
16004	ノートパソコン	190	1
16004	キャリアー	5	1
16004	バッテリー	9	1
16004	ディスプレイ	40	3

パソコンセット　PCsetT

商品名
Item
パソコン
ディスプレイ

JN043939

リレーショナルデータベースの
実践的基礎（改訂版）

博士（工学） 速水 治夫 著

コロナ社

ま　え　が　き

　本書は，データベースを初めて学ぶ人の入門書として書かれている．大学の学部レベルの情報系学生向けの教科書として，およびリレーショナルデータベースを用いたシステムを開発しようとしている企業の技術者向けの技術書として読まれることを想定している．

　データベースがなぜ必要なのかを理解し，リレーショナルデータベースを実践的に使用できる実力が備わる内容になっている．データベースの教科書の著者として有名な C. J. デイトの言葉を借りれば「ユーザが知らなくてもよい実装」の記述より，「ユーザが知らなければならないモデル」の記述に多くのページを割いているのが本書の特徴である．

　記述にあたっては，最初に直観的な例を用いて解説し，つぎに【定義】などで厳密な説明を行っている．最初に読むときは，厳密な説明は読み飛ばしても大丈夫になっている．2 回目に読むときに，定義などをしっかり読めば理解がより深まる．必要な箇所には，豊富な記述例を挙げているのでリレーショナルデータベースを実際に使いこなすことが可能になる．

　1 章では，データベースが導入された考え方を学び，つぎにデータモデル，データベース管理システムの概要を学ぶ．最後にデータベースの適用分野として，最近脚光をあびている Web データベースの概要を学ぶ．2 章では，リレーショナルデータベースの基礎として，リレーショナルモデル，リレーショナル代数を詳しく学ぶ．3 章では，データベース設計に関し，ER モデルを使用した概念設計とリレーショナルモデルを使用した論理設計とを学ぶ．4 章では，標準リレーショナルデータベース言語 SQL を学ぶ．特に，問合せについては詳しく学ぶ．人気のあるオープンソースの DBMS である MySQL を用いた実行例を豊富に示している．

　姉妹編の「Web データベースの構築技術」とあわせて読めば，自分で Web データベースを構築することが可能となる．

2008 年 10 月

速水　治夫

初版第 10 刷（改訂版）にあたって

　本書の初版を発行してから 12 年が経過し，この間，多くの大学，高等専門学校などで教科書としてご採用を頂き，また多くの方に入門書としてお読み頂き，刷りを重ねることができた．情報分野の多くの学生の基礎科目としてのデータベースの重要性に鑑み，できる限り平易な記述に努めたことにご理解頂けたと感謝している．

　刷りを重ねるたびに可能な範囲で説明の小規模な修正・追加を行ってきたが，著者自身が本教科書を使用した講義を続けるなかで，大幅な修正を行うことにより，さらにわかりやすくなると感じていたところ，出版社からの計らいもあり，改訂の機会を得た．

　今回の改訂版では学生にとってわかりづらいと感じていた点を中心に修正した．特に，SQL の「外への参照のある副問合せ」に関しては大幅な修正を行ったので理解しやすくなったと思う．

　また，本書で SQL の実行例を示すために使用している MySQL は，バージョンが上がり，外部キーの指定が可能となった．これらを使用して整合性制約に関する実行例を追加した．これにより 2 章のリレーショナルモデルで整合性制約の重要性を説明していたが，4 章の SQL で実行例を示せていなかったことが解消できて入門書としての完備性が増したと感じている．

2020 年 8 月

速水　治夫

目　　　　　次

1章　データベースの基礎

2章　リレーショナルデータベースの基礎

3章　データベース設計

4章　リレーショナルデータベース言語 SQL

〰〰〰〰〰〰〰〰
コ ラ ム
〰〰〰〰〰〰〰〰

本書姉妹編の内容梗概と特徴

（1）『Web データベースの構築技術』

　本書では，写真やイラストなどのマルチメディアデータを Web ブラウザから登録したり検索したりする Web データベースを実際に構築しながら，そのために必要な技術を学ぶ．具体的には，オープンソースで自由に使える Apache，MySQL，PHP を利用して，一連の Web データベースプログラミングを基礎から学ぶ．また，画像処理やセッション管理など高度な内容も扱う．これらにより，マルチメディアデータを扱う Web データベースを独自に設計・開発するスキルの習得が可能である．

（2）『データベースの実装とシステム運用管理』

　データベースシステム開発において，論理設計以降で重要となる「データベースの実装・テスト」および「データベースシステムの運用管理」を重点的に学ぶことができる．高度な内容であるが，具体例を交えてわかりやすく記述しているので，初心者でも十分理解することができる．

【特徴】

　本書と（2）をあわせて学ぶことによって，「情報処理技術者試験」の「データベーススペシャリスト試験（DB）」の出題範囲を理解することができる．

1

データベースの基礎

本章では，まずはじめにデータベースが導入された考え方を学び，つぎにデータベースの対象実世界をコンピュータ内に記述するデータモデル，そして実際にデータベースを格納し管理するデータベース管理システムの概要を学ぶ．最後にデータベースの適用分野として，最近脚光をあびている Web データベースの概要を学ぶ．

1.1 データベースとは

データベース（**database**）とはコンピュータによって書込みや読出しを行えるように構成されたデータの集まりである[†]．

同じように，コンピュータによってデータの書込みや読出しを行えるようにしたものとして**ファイル**（**file**）もある．このファイルとデータベースはどう違うのだろうか？

ファイルは特定のプログラムごとに使用される．例えば，学校に学生課，教務課，庶務課があり，それぞれの事務処理を効率化するためにコンピュータ上のシステム（一定の目的のために開発されたプログラム群）が構築されているとする．それぞれを学生課システム，教務課システム，庶務課システムと呼ぶことにする（**図1.1** 参照）．

実際の学生課，教務課，庶務課は学生を対象としてさまざまな仕事をしているが，ここでは単純化して，以下の仕事について着目する．

- ・学生課：学生や保護者の氏名，住所などの届けを受け付ける．
- ・教務課：学生の成績を登録し，学期ごとの成績表を保護者へ送る．
- ・庶務課：希望する学生に学内でのアルバイトを依頼する．ただし，一定以上の成績を修めていることが条件となる．

このため，各課システムは以下のデータを記録，管理している．

- ・学生課システム：学生の氏名，住所，および保護者の氏名，住所

[†] データベース（database）という用語は，米軍によって使われ始めた．base は基地であり，データの基地はデータがいつでもどこへでも出動できる体制を整えているということであろう．それ以前は，data bank という用語が使われていた．

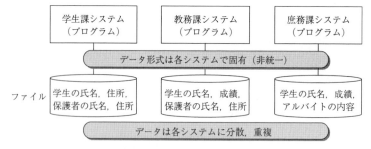

図1.1 プログラムとファイル

・教務課システム：学生の氏名，成績，および保護者の氏名，住所

・庶務課システム：学生の氏名，アルバイト内容，成績

　ここで，同じデータが分散し重複して記録されていることに注目してほしい．では，データが分散し重複していると何か問題があるのだろうか？　むしろ，個々のシステムだけで処理が行えるのでよいのではないか？

　まず，データの記憶容量を考えてほしい．重複していればその分無駄になる．現在では記憶装置の容量はあまり問題にならなくなっているが，当初は大きな問題であった．

　つぎは，いつの時代でも問題になるデータ間の矛盾である．例えば，ある学生の保護者が住所を変更したとする．届けを受け付けた学生課のシステムのファイル上では住所が変更されるであろう．しかし，教務課システムのファイルが変更されなかったら，成績表送付時に問題が起きる．また，学生の成績は半期ごとに集計され，教務課システムのファイルに記録される．その結果が庶務課システムのファイルに反映されないとアルバイトの依頼の可否に問題が起きる．もちろん，システム間の連携をきちんと行えば，矛盾は起きない．しかし，各システムに機能を追加したり，変更したりしたときに連携が崩れることはありそうだ．このようなことが実際のシステムで起きているのを見聞したことはあると思う．

　この問題を本質的に解決するのは，データを**一つの場所に記録**して**共有**することである．このことを表す有名な言葉を紹介する[†]．

　　One fact in one place.（一つの事実は一つの場所に記録）

　この言葉にはもう一つの解釈があるので，ここでの解釈としてより強調してつぎのように表す（もう一つの解釈は3章で述べる）．

　　One fact in Only one place.（一つの事実は一つの場所だけに記録）

　では，学生課システムのファイル中の住所データを教務課システムが使用したり，教務課システムのファイル中の成績データを庶務課システムが使用したりすれ

---

† この言葉はデータ管理の専門分野で含蓄の深い言葉であるが，日常生活においても，明日の予定が2箇所にメモされていて，内容が異なっていたら二重予約（約束）のおそれがある．スケジュールは1箇所に記録したい．

ばよいのであろうか？　いや，ファイルのデータ形式は各システムで固有であるので，教務課の都合により教務課システムのデータ形式が突如変更されることもあり，その場合，庶務課システムでは利用できなくなってしまうなどの不都合が生じる．

　そこで，使いやすい**統一されたインタフェース**でデータを提供する仕組みが求められた．それに答えるのがデータベースである（**図1.2**参照）．データベースでは単なる「書込みや読出し」だけではなく，条件を指定した検索や変更，削除も可能になっている．

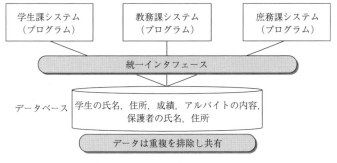

図1.2　プログラムとデータベース

　ここで，以下のように用語を明確にする．共有を目的として，統一されたインタフェースで提供されるデータの集まりをデータベースという．このデータベースを提供するための仕組み，すなわちソフトウェアシステムを**データベース管理システム**（**Data Base Management System：DBMS**）という（**図1.3**参照）．また，データベースとデータベース管理システムをまとめて**データベースシステム**（**database system**）という．さらに，アプリケーションプログラムを含んでいるものをデータベースシステムという場合もある．これら三つの用語は，特に一般用語としては，たがいに混同されて使用されている場合が多い．本書では上記の定義で使用する．

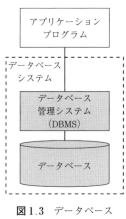

図1.3　データベースシステム

1.2　データモデル

　使いやすい統一されたインタフェースでデータを提供するために，データベースの対象実世界を記述し，操作する枠組みとして考案されたものが**データモデル**（**data model**）である．

　「モデル」という言葉を工学全般で使用するときには，「具体的な事象や事物を抽象化する」という意味で用いられる．「データモデル」はデータベースの対象実世界を抽象的に記述し，操作する体系である．具体的には①**データ構造を表現する**

機能，② データの整合性制約を記述する機能および ③ データを操作する機能からなっている．つぎに説明するデータモデリングと明示的に区別するために，この機能をデータモデル機能（**data modeling facility**）という場合もある[†1]．その一つがリレーショナルモデル（**relational model**）であり，2章で詳しく述べる．

　例えば「学生課事務処理」や「教務課事務処理」をデータベースを使用してシステム化するために，データモデル機能を使用して「学生課事務処理」や「教務課事務処理」をモデル化することをデータモデリング（**data modeling**）という．そして，モデル化されたものをアプリケーションデータモデル（**application data model**）という．「学生課事務処理データモデル」や「教務課事務処理データモデル」などという．本書では，データモデルはデータモデル機能の意味で使用する．

1.3 データモデルの歴史

データモデルとして，つぎのものが提案されてきた．
- 階層モデル（**hierarchical model**）
- ネットワークモデル（**network model**）
- リレーショナルモデル（**relational model**）
- オブジェクト指向モデル（**object-oriented model**）
- オブジェクトリレーショナルモデル（**object-relational model**）

（1）　**階層モデル，ネットワークモデル**　　1960年代〜1970年代に提案され，採用されたモデルである．大規模な記憶装置[†2] として磁気ディスク装置が利用可能になり，その記憶装置を効率的に使用することを意識して提案されたモデルである．わかりやすさより，性能を重視したプロ向きのデータモデルといえる．つぎの（2）に比べて修得が困難な面はあったが性能がよいため，（2）が主流になりつつあった1990年代でも大規模システムでは使用され続けた．

（2）　**リレーショナルモデル**　　1970年にE. F. コッド（Codd）により提案され，1980年代に採用されたモデルである．1990年代後半以降にパソコンなどの小型コンピュータが普及し，多くのユーザがデータベースを使用するようになると，わかりやすさが重視され普及してきた．コンピュータや記憶装置の性能向上により，今日では最も普及している．このモデルのデータベース言語はSQL（エス・キュー・エルと読む[†3]）として標準化されている（4.1節参照）．

[†1]　データモデル機能とアプリケーションデータモデルとの関係は，あるプログラム言語とその言語で書かれたプログラムとの関係に似ている．

[†2]　大規模といってもたかだか数10MB程度であったが，当時としては画期的な規模であった．装置は机ほどの大きさがあり大規模であった．もっとも，コンピュータ本体はもっと大きかった．

[†3]　シークェルと読むのは正しくない．シークェル（SEQUEL）はSQLのもととなった言語である．

（3）　**オブジェクト指向モデル**　　リレーショナルモデルでは CAD データやマルチメディアデータなど複雑な構造をもったデータを扱いにくいという欠点が指摘された．その欠点を解決するものとして，1980 年代後半に研究が開始され，ポストリレーショナルモデルあるいは次世代データベースといわれ非常に期待されたモデルである．1990 年代に採用され始めたが，現在では CAD データやマルチメディアデータなど限られた分野でのみ使用されている．

（4）　**オブジェクトリレーショナルモデル**　　まったく新しいモデルでリレーショナルモデルの欠点を解決しようとした（3）のアプローチとは異なり，リレーショナルモデルにオブジェクト指向の機能を追加していったモデルである．1999 年に SQL にオブジェクト指向の機能などを追加した版（SQL99 という）が制定された．このモデルはリレーショナルモデルを包含しているので，通常のビジネスアプリケーションでは，このモデルを採用したデータベース管理システムのリレーショナルモデル機能だけを使用することもできる．

1.4　3層スキーマアーキテクチャ

「学生課事務処理データモデル」などのアプリケーションデータモデルを検討して得られたデータ構造を**スキーマ**（**schema**）という．これに対し，スキーマに基づいて格納された個々のデータを**インスタンス**（**instance**）という．

　このスキーマの階層を一つではなく，複数にするという考え方がある．最初にデータベースの必要性を考えるために用いた例において，システムと管理すべきデータをもう一度考える（図 1.2 参照）．

・学生課システム：学生の氏名，住所，および保護者の氏名，住所
・教務課システム：学生の氏名，成績，および保護者の氏名，住所
・庶務課システム：学生の氏名，成績，アルバイトの内容

ここに登場するすべてのデータを重複なく一つのデータベースに格納しておくことで，各課の処理を実現することができる．

・学校データベース：学生の氏名，住所，成績，アルバイトの内容，
　　　　　　　　　　および保護者の氏名，住所

　これは，学校の学生事務処理すべてを対象実世界としてデータモデリングした結果のスキーマである．しかし，学生課システムなど個別のシステムの開発者の立場からみると，このスキーマを直接用いるのではなく，自分のシステムに必要なデータだけからなるスキーマを利用したいと考えるのは当然である．

　このようなことから，基本スキーマと個別スキーマに階層化するという考え方が広く受け入れられている．これにより，個別システムの開発者の開発業務が単純化

され生産性が向上すると認められている．この考え方は，アメリカの国家標準規格協会（American National Standard Institute：ANSI）の情報処理部門（ANSI/X3）の標準化計画委員会（Standard Planning And Requirements Commitee：SPARC）が提唱したものであり，**ANSI/X3/SPARC 3 層スキーマアーキテクチャ（3 level schema architecture）**，あるいは **ANSI/X3/SPARC 3 層データベースアーキテクチャ（3 level database architecture）** といわれている（ANSI/SPARC と略される場合もある）．これはつぎの 3 層からなっている（図 1.4 参照）．

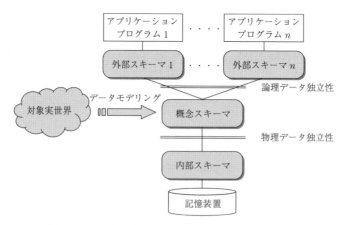

図 1.4　ANSI/X3/SPARC 3 層スキーマアーキテクチャ

（1）　**概念スキーマ（conceptual schema）**　　対象実世界全体をデータモデリングしたスキーマである．リレーショナルモデルなどのデータベースモデルで最初に記述するのはこのスキーマである．SQL では表（テーブル）がこのスキーマに相当する．単にスキーマといった場合は概念スキーマを指す．前述の例でいえば，「学校データベース」のスキーマである．

（2）　**外部スキーマ（external schema）**　　「学校データベース」の例で述べたように，概念スキーマが多くのユーザにとって好都合であるわけではない．概念スキーマ上に各ユーザの目的に応じてデータモデリングしたのが外部スキーマである．外部スキーマは個別システムから直接見えるスキーマである．これを定義することにより，概念スキーマの変更が個別システムに及ぼす影響を極力抑えることが可能となる．このことを**論理データ独立性**という．SQL では**ビュー（view）**がこのスキーマに相当する（4.6 節参照）．

前記の例でいえば，共有の学校データベースを使用するのだが，個別システムの開発者から見ると，自分に必要なデータだけが見えていることになる．しかし，実際のデータは共有され，一つの場所に記録されているのでデータの矛盾は起きない（図 1.5 参照）．

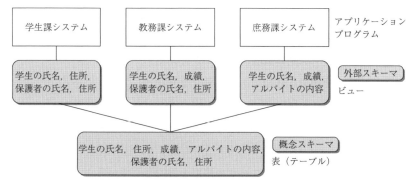

図1.5　学校データベースの外部スキーマ

（3）　**内部スキーマ**（**internal schema**）　　コンピュータの記憶装置内での表現を規定したスキーマである．これはデータベースのユーザは関知する必要がない．このスキーマを定義することにより，記憶方式の変更が概念スキーマや外部スキーマに影響を与えることがない．このことを**物理データ独立性**という．

1.5　データベース管理システム

ユーザやアプリケーションプログラムに対して，データモデルに基づく処理機能を提供するソフトウェアを**データベース管理システム**（**Data Base Management System：DBMS**）という．リレーショナルモデルに基づくデータベース管理システムをリレーショナル DBMS という．DBMS の機能はつぎのように分類される．

（1）　**データ定義機能**　　データ定義機能はデータベースの枠組みであるスキーマを定義する機能である．ユーザがスキーマを定義する言語体系を**データ定義言語**（**Data Definition Language：DDL**）という．データ定義機能は DDL を解釈してスキーマ情報を DBMS 内部に保持して利用する．このスキーマ情報をメタデータあるいはデータ辞書などと呼ぶ．

（2）　**データ操作機能**　　データ操作機能はデータベースの中身であるインスタンスを操作する機能であり，つぎのように分けられる．

　・**検索**（**selection**）（**問合せ**ともいう）：条件を指定して，データベース中から該当するデータを選び出す機能である．

　・**更新**：データベースに何らかの変化を加える機能であり，以下に分けられる．

　　・**挿入**（**insertion**）：新しいデータを追加する．

　　・**削除**（**deletion**）：不要なデータを取り除く．

　　・**変更**（**updation**）：データを変更する．

このような操作を指定する言語体系を，**データ操作言語**（**Data Manipulation**

Language：DML）という．4 章で説明する SQL は DDL と DML の両方の機能を持っている．

（3） データ制御機能　　データ制御機能は，データ定義やデータ操作時にデータベースの内容を正常に維持管理する機能である．おもな機能として以下がある．

・**ファイル管理機能**：実はデータベースでも多くの場合は，データの実体はファイルとして記録されている．ユーザにファイルを意識させないで，ユーザからのデータ操作要求に基づきファイルへアクセスを行うのがファイル管理機能である．

・**機密保護機能**：データベースは多数のユーザの共用を目的としているが，データによってはユーザを限定する必要がある．機密保護機能は特定データの検索，挿入，削除，変更ごとにユーザを限定する機能である．

・**同時実行制御機能**：データベースは多数のユーザが共用するため，一つのデータに対する複数ユーザの更新が競合することが起きる．最悪の場合，あるユーザの更新と別ユーザの更新が入り乱れ，あるユーザの更新を台なしにしてしまうことが起きる．これを**更新喪失**（**lost update**）という．同時実行制御機能はこのようなことが起きないように，複数ユーザのアクセスを制御する機能である．

・**障害回復機能**：ハードウェアの障害やソフトウェアのバグによって，データベースに何らかの異常が生じることがある．このようなときにもとの状態に復旧させる機能が障害回復機能である．起こりうる障害をどこまで対処するかによって，機能のグレードが異なる．

1.6　Web データベース

　Web の爆発的な普及により，データベースの利用分野として **Web データベース**が脚光をあびている．これはデータベースを活用した Web サーバによる情報提供方法である．まず，Web サーバによる情報提供方法の分類から説明する．

1.6.1　Web サーバによる情報提供方法の分類
Web サーバによる情報提供の方法は，大きく 2 種類，細かくは 3 種類に分類で

表 1.1　Web による情報提供方法の分類

項番		分類	小分類	例	インタラクション
（1）	（ⅰ）	固定情報の提供	静的な情報の提供	HTML 文書，画像	なし
	（ⅱ）		プログラムの提供	Flash，JavaScript，Java アプレット	ユーザとプログラム
（2）		動的に生成される情報の提供		CGI，PHP，JSP，ASP	ユーザとプログラム ユーザとユーザ

きる（**表1.1**参照）.

（**1**） **固定情報の提供** Webサーバに格納された情報をそのまま提供する．
つぎの（ⅰ）と（ⅱ）に分類できる．

（ⅰ） **静的な情報の提供** HTML文書や画像など固定的・静的な情報の提供
である．ユーザはリンク先に飛ぶこと以外は提供された情報を見るだけである
ので，すべてのユーザは同じ情報を見ることになる（**図1.6**参照）．

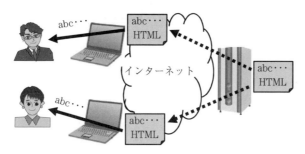

図1.6 静的な情報の提供

（ⅱ） **プログラムの提供** クライアント上で動作するプログラム（Flash,
JavaScript, Java アプレットなど）を提供する[†]．ユーザはそのプログラムと
インタラクションを行うので，すべてのユーザが同じ情報を見るとは限らない
（**図1.7**参照）．ただし，ユーザ間のインタラクションはない．

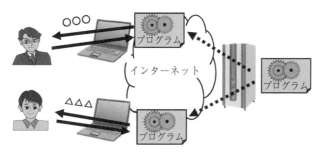

図1.7 プログラムの提供

（**2**） **動的に生成される情報の提供** Webサーバ上のプログラム（CGI,
PHP, JSP, ASP など）が動的に生成する情報を提供する．ユーザのリクエストに
応じた情報が提供されるため，すべてのユーザが同じ情報を見るとは限らない．ま
た，ユーザの入力をサーバに記録し，それを他のユーザが参照するといった**ユーザ
どうしのインタラクションも可能**となる（**図1.8**参照）．

[†] プログラムはブラウザ上で動的に動作するが，サーバに格納されているプログラムを（動的に生成す
るのではなく）そのまま提供するという意味で固定情報の提供に分類される．

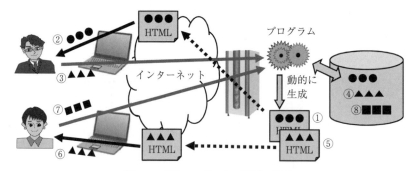

図1.8 動的に生成される情報の提供

1.6.2 Webアプリケーション

動的な情報の生成はWebサーバに搭載されたプログラムによって実現される.
このようなプログラムを**Webアプリケーション**と呼ぶ. Webアプリケーションは
ユーザからのアクセスに応じてデータを生成することも,それをユーザに渡すこと
もできるし,またWebサーバに蓄積することもできる. このようにして蓄積され
たデータはユーザどうしで共有することができる. これを利用して,ユーザどうし
がWebサーバを介してインタラクションを行うことも可能になる.

Webアプリケーションの例としては,電子掲示板やブログを始め,Google,
Yahoo!,およびMSNのようなWeb検索エンジン,Amazonのような物販サイト,
価格.comのような商品情報サイト,Wikipediaのような百科事典,また図書館の
蔵書検索システムなど多数ある.

Webアプリケーションでは,ユーザが直接的に操作するのはWebブラウザであ
るが,処理の大部分はサーバ側で行われるので,Webブラウザの種類に依存せず
Webアプリケーションへのアクセスが可能である.

開発環境としても,かつてはPerlのような汎用言語が主流であったが,最近で
はPHPやJSPなどの優れた**Webアプリケーション向け開発言語**が主流になって
いる.

1.6.3 Webデータベース

Webアプリケーションの中で,データベース管理システム(DBMS)を使用して
いるものを**Webデータベース**という. これをクライアント側も含めた全体で見れ
ば,Webブラウザ,Webサーバ,DBMSが三段重ねのようになって連携している
(**図1.9**参照).

このような三段重ねのシステム構成を**3層クライアントサーバシステム**(**3 tier
client server system**)と呼ぶ. Webブラウザ(**プレゼンテーション層**(**presen-**

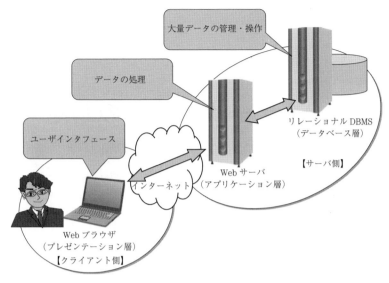

図 1.9　3 層クライアントサーバシステム

tation tier））は，Web ページを表示し，またユーザからの入力を受け取るための
ユーザインタフェースとして機能する．Web サーバ（**アプリケーション層（appli-
cation tier）**，またはファンクション層，ビジネスロジック層）ではアプリケー
ションプログラムが動作し，その目的に応じてデータの加工などの処理を行う．い
うなれば，この層がデータをどのように処理するかを定めている．DBMS（**データ
ベース層（database tier）**）はアプリケーションプログラムの指示に従ってデータ
の更新や検索を行う．つまり，この層は大量のデータを管理・操作するための手段
を提供する．アプリケーション層とデータベース層は別のコンピュータ上に実現さ
れることも，同一のコンピュータ上に実現されることもある．

　DBMS を使い，各層の役割分担を明確にして Web データベースを構築すること
には，**開発者にとって開発効率の向上という利点**がある．例えば，大規模なデータ
の蓄積や高速な検索・並べ替えといった操作は DBMS に任せられるのでアプリケー
ションプログラムで記述する必要がない．実績のある DBMS 製品を採用すること
で Web データベース全体の安定性を高めることもできる．標準データベース言語
である SQL を実装したリレーショナル DBMS 製品を利用すれば，個々の DBMS 製
品について学習する必要がほとんどなく，またソフトウェア資産の蓄積や活用も容
易である．

　本書の姉妹編である「Web データベースの構築技術」では，人気の高いオープ
ンソースのリレーショナル DBMS である MySQL を利用して Web データベースを
構築するための技術を解説している．姉妹編を併せて学ぶことによって，自分で
Web データベースを構築することが可能となる．

2 リレーショナルデータベースの基礎

　本章では，リレーショナルデータベースの基礎として，リレーショナルモデル，リレーショナル代数を詳しく学ぶ．特にリレーショナル代数は4章のSQLを学ぶ上で基礎となるので，しっかり理解してほしい．

2.1　リレーショナルモデルの特徴

　リレーショナルモデル（**relational model**：**関係モデル**）は1970年に数学者のE. F. コッド（**Codd**）により提案され[†]，数学の**リレーション**（**relation**：**関係**）という概念を基礎としたデータ構造と，データ操作として集合演算を用いる論理的なデータモデルである．このため，リレーショナルモデルの説明においては数学の記号が多数用いられるが，本書では数学の記号も易しく説明するので安心して読んでほしい（数学記号は本文中にも説明しているが，付表1，付表2に，本書で使用する数学記号の一覧を示す）．

　それより以前から存在した階層モデルやネットワークモデルでは，コンピュータの記憶装置上での実装を考慮して，データをポインタでつなぐ方式を採用していた．それに対して，リレーショナルモデルではデータ（実体；3.2節参照）もデータ間の関係（関連；3.2節参照）もすべてリレーションで表現している．すなわち，このモデルではユーザが理解しやすいことを追求して，コンピュータの記憶装置上での実装とは独立に考案された．

　ユーザの観点から見ると，階層モデルやネットワークモデルでは，アプリケーションプログラムはデータ間のポインタに沿った検索を行うのに対して，リレーショナルモデルでは，集合演算によるわかりやすい検索が可能である．このため，アプリケーションプログラムの作成が容易となった．一方DBMSの観点から見ると，階層モデルやネットワークモデルではポインタに沿った操作でデータを直接アクセスできるのに対して，リレーショナルモデルでは集合演算のために多数のデータを比較するという内部処理が必要となるため，性能的には不利であった．このた

[†]　オリジナル論文，E.F.Codd："A Relational Model of Data for Large Shared Data Banks," *Communications of the ACM*, Vol.13, No.6, pp.377–387,（1970）.

め，実用化され広く普及するまでに時間を要した.

　性能上の欠点はその後の実装上の改良やコンピュータの性能向上により，問題にならなくなり，アプリケーションプログラムの作成の容易さが大きな利点と認められ，リレーショナルモデルは現在の主流となっている.

　1.2節で述べたように，データモデルはデータ構造，整合性制約，およびデータ操作から構成されているので，その順に説明する.

2.2　リレーショナルモデルのデータ構造

2.2.1　表とリレーション

　リレーショナルモデルでは，データを図2.1のような2次元の表形式で表現する．しかし，提案者コッドは"表形式モデル"とは名づけなかった．その理由は，"表"には，つぎに述べるように，行や列のデータに順番があったり，位置によりデータの指定が可能であったりすることが，従来の階層モデルやネットワークモデルのデータ間をポインターでつなぐ表現形式と似ていると思われるので，それとの違いを明確にしたかった.

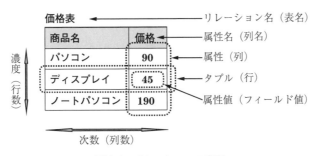

図2.1　リレーションの表現

　また，表とリレーションは似ているが，以下のような相違があることも命名の理由であった.

① 表には同じ値の行が重複して存在してもよいが，リレーションのタプル（行に相当；2.2.2項参照）は重複して存在できない．つまり，表は**多重集合**（**multiset**）であるが，リレーションは**集合**（**set**）である.

② 表の行は上から下へ順序づけられるが，リレーションのタプルは順序づけられない.

③ 表の列は左から右へ順序づけられるが，リレーションの属性（列に相当；2.2.2項参照）は順序づけられない．②と③により，表では配列と同様に，位置によりデータの指定が可能であるが，リレーションでは位置によるデータの指定ができない.

④ 表の列の値は分割可能である（例えば趣味の欄に二つの趣味を書くこともできる）が，リレーションの属性の値は分割不可能（単一の値）である．

しかし，表形式はわかりやすいので，リレーションの構造を表現する手段に表形式を使用している．

データを表形式で表現するって革新的だったの？

表形式は，人々が紙面に書く形式として古くから使われていた．しかし，それをコンピュータのソフトウェアで表現し操作することは提案されていなかった．現在，パソコンでよく使用されている表計算ソフトウェアの初期の製品が 1983 年に提供されたとき画期的なものとして普及していった．それより遙か以前の 1970 年に，データを表形式で表現しわかりやすく操作するモデルが提案されたことは革新的だったといえる．だからこそ現在でも主流となっている．

2.2.2 構 成 要 素

（ 1 ） ドメイン　　ドメイン（**domain：定義域**）は「顧客名の集合」，「商品名の集合」や「価格を表す数値の集合」など同一種類の値の集合である．ドメインの要素の数は有限でも無限でもよい．このドメインの要素がリレーショナルモデルにおけるデータの最小単位である．これにより，「顧客名」，「商品名」や「価格」を記録し管理する．

n 個のドメインを $D_1, D_2, \cdots, D_n$ と表すことにする．

ドメインはつぎのように定義される．

$D_1 = \{x \mid x$ は顧客名$\}$

$D_2 = \{$横浜 優一，横須賀 浩，厚木 広光$\}$

ここで，D_1 はドメインの内容を定義しており，このような定義を内包的定義という．D_2 はドメインの要素を列挙しており，このような定義を外延的定義という．

（ 2 ） タプル　　n 個のドメイン $D_1, D_2, \cdots, D_n$ の各要素のすべての組合せを**直積集合**（**cartesian product**，または **direct product**）といい，つぎのように表す．

$D_1 \times D_2 \times \cdots \times D_n$

各 D_i の要素を d_i と表すとき，直積集合の要素はつぎのように表す．

$(d_1, d_2, \cdots, d_n)$

前記の内包的定義を用いて，直積集合はつぎのように定義される．

$D_1 \times D_2 \times \cdots \times D_n = \{(d_1, d_2, \cdots, d_n) \mid d_1 \in D_1, d_2 \in D_2, \cdots, d_n \in D_n\}$

ここで，「$d_i \in D_i$」は，各 d_i が D_i の要素であることを表している（付録 1 参照）．この n 個の値の組を，**n-タプル**（**n-tuple**）あるいは単に**タプル**（**tuple**）という．

この n（ドメインの数）を**次数**（**degree**）といい, タプルの数を**濃度**（**cardinality**）という.

すべてのドメインが有限集合であれば直積集合は有限集合であるが, 一つでも無限集合のドメインがあれば直積集合は無限集合となる.

例えば, 商品名の集合であるドメイン D_1, 千円単位で表される商品の価格を表す正整数の集合であるドメイン D_2 がつぎのように定義されているとする.

$D_1 = \{$パソコン, ディスプレイ, ノートパソコン$\}$

$D_2 = \{45, 90, 190\}$

この二つのドメインの直積集合はつぎのようになる.

$D_1 \times D_2$

$= \{($パソコン, 45$), ($パソコン, 90$), ($パソコン, 190$),$

　　$($ディスプレイ, 45$), ($ディスプレイ, 90$), ($ディスプレイ, 190$),$

　　$($ノートパソコン, 45$), ($ノートパソコン, 90$), ($ノートパソコン, 190$)\}$

ここで,（パソコン, 45）などが2-タプルあるいはタプルであり, 次数は2, 濃度は9である.

（3） **リレーション**　リレーション（**relation**：関係）は直積集合の任意の有限部分集合である. 直積集合は各ドメインのすべての要素の組合せであるため, 直積集合の要素すなわちタプルの中には意味のない余計なタプルもあるが, どのような部分集合であっても, それはリレーションである.

ドメイン $D_1, D_2, \cdots, D_n$ 上のリレーション R はつぎのように定義される.

$R \subseteq D_1 \times D_2 \times \cdots \times D_n$

ここで, $\subseteq$ は部分集合を表している（付録1参照）. n 次のリレーションを **n 項リレーション**, 特に1次のリレーションを**単項リレーション**（**unary relation**）ともいう. 次数はリレーションを設計したときに決まるが, 濃度はデータの追加, 削除により増減する.

前項（2）の例の続きで, パソコン, ディスプレイ, ノートパソコンの価格をそれぞれ90, 45, 190であるとして,「商品の千円単位の価格表」を表すリレーション R を作るためには, 前記の直積集合には余計なタプルがあることになる. 余計なタプルを除外して, リレーション R は以下となる.

$R = \{($パソコン, 90$), ($ディスプレイ, 45$), ($ノートパソコン, 190$)\}$

R の次数は2, 濃度は3である. なお, リレーションは集合であるので, 同一のタプルは重複して存在しないし, タプルに順序はない.

2.2.3　リレーションスキーマ

リレーションにおいてドメインは対象実世界の事物の名前, 個数や性質などを表

している．前述の例で，文字列の集合である D_1 は商品名を表しており，正整数の集合である D_2 は価格を表している．これらを明確にするため，ドメインに**属性名**（**attribute name**）をつけたものを**属性**（**attribute**）という．これらの名前，すなわちリレーション名，ドメイン名，属性名を以下のように表したものを**リレーションスキーマ**（**relation schema**）という．

リレーション名（属性名$_1$：ドメイン名$_1$，属性名$_2$：ドメイン名$_2$, …）

先ほどの例はつぎのように表される．

価格表（商品名：文字列，価格：正整数）

一般的には，ドメイン名は省略してつぎのように書くことが多い．

価格表（商品名，価格）

以降，リレーションスキーマはつぎのように表現する．

リレーション名（属性名$_1$，属性名$_2$, …）

リレーションスキーマはリレーションの枠組みを表している．リレーショナルデータベースにおけるデータベース設計は，この枠組みであるリレーションスキーマを決めることである．リレーションスキーマの集まりがリレーショナルデータベースにおける**スキーマ**（**schema**）となる．正確には概念スキーマである（1.4節参照）．

2.2.4 リレーションの表現

リレーションを 2.2.2 項（3）のように表現するよりも視認性を高める（見た目のわかりやすさを増す）ために，タプルを**行**（**row**），属性を**列**（**column**）とする 2 次元の**表**（**table**）で表現する．このため，リレーションを表あるいは**テーブル**と呼ぶこともある（図 2.1 参照）．特に，4 章で説明する SQL においては，表，行，列の用語が用いられる．

2.2.5 リレーションの条件

リレーショナルモデルではドメインの要素は**単純**（**simple**）**な値**である．すなわち，タプルの要素（表のフィールド値）はそれ以上細分化することのできない単一の構造であり，集合や構造体などを使用できない．

このような単純な値を要素とするタプルからなるリレーションを**第1正規形**（**first normal form**：**1NF**）といい，第1正規形でないリレーションを**非第1正規形**（**non-first normal form**：**(NF)^2**）あるいは**非正規形**という（図 2.2 参照）．正規形については 3 章で詳しく述べる．

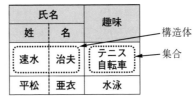

名簿 FN

姓	名	趣味
速水	治夫	テニス
速水	治夫	自転車
平松	亜衣	水泳

名簿 NFN

氏名		趣味
姓	名	
速水	治夫	テニス 自転車
平松	亜衣	水泳

──構造体
──集合

（a）　第1正規形のリレーション例　　　（b）　非第1正規形のリレーション例

図2.2　第1正規形と非第1正規形

2.3　リレーショナルモデルの整合性制約

2.3.1　概　　　　要

データベースの中身が対象実世界のデータを正しく反映していることが保証されていると，安心してデータベースに基づいた処理が可能となる．これがデータベースの使用目的の一つでもある．

データを正しく反映するために，ユーザが入力データを逐一確認するのは大変である．そのため，データベース管理システム（DBMS）にデータベースの中身が正しいことを保証させるのだが，何が正しい状態であるかは，データベース設計時に指定する．その指定を**整合性制約**（**integrity constraint**）という．

この制約に基づいて，DBMS はデータの挿入，削除，変更時に制約に違反した処理を停止あるいは警告を出してくれる．

2.3.2　例題データベース

ここで，本節以降で例として使用する主要な例題データベースのスキーマを説明する．つぎのリレーションスキーマにより構成されている．

注文記録一覧

・注文（<u>注文番号</u>，日付，会社 ID）

・会社（<u>会社 ID</u>，会社名，会社住所）

・注文明細（<u>注文番号</u>，<u>商品名</u>，価格，数量）

・パソコンセット（<u>商品名</u>）

会員情報

・X 会員（<u>会員 ID</u>，名前，年齢，グループ名，グループリーダ ID）

・X 家族（<u>会員 ID</u>，<u>名前</u>，続柄，年齢）

・Y 会員（<u>会員 ID</u>，名前，年齢，グループ名，グループリーダ ID）

各リレーション（表）を**図2.3**および前見返しに示す．本書の随所で例として使

注文　OrderT

注文番号	日付	会社 ID
OrderID	ODate	OCorpID
16001	2021-04-15	A011
16002	2021-05-11	B112
16003	2021-05-17	A011
16004	2021-06-23	A012

会社　CorpT

会社 ID	会社名	会社住所
CorpID	CorpName	CorpAddr
A011	丹沢商会	秦野市 XX
A012	大山商店	伊勢原市 YY
B112	中津屋	NULL
C113	墨田書店	東京都 ZZ

注文明細　DetailT

注文番号	商品名	価格	数量
OrderID	Item	Price	Qty
16001	パソコン	100	2
16001	ハードディスク	50	1
16001	テーブルタップ	2	4
16001	ディスプレイ	45	2
16002	ディジタルカメラ	30	1
16002	SD メモリカード	10	2
16003	フィルター	6	2
16003	パソコン	90	3
16004	ノートパソコン	190	1
16004	キャリアー	5	1
16004	バッテリー	9	1
16004	ディスプレイ	40	3

パソコンセット　PCsetT

商品名
Item
パソコン
ディスプレイ

（a）注文記録一覧

図 2.3　例題データベース（前見返しにも掲載）(1/2)

用するので参照してほしい．また，各リレーションスキーマの説明を図 2.4 に示す．各リレーションには前述の日本語のリレーション名（表名）と属性名（列名）に加えて，アルファベットの名称が記載されている．このアルファベットの名称が正式名であり，本章のリレーショナル代数や 4 章の SQL では正式名を使用する．しかし本文の説明では，日本語名のほうがわかりやすいので，こちらを使用する．

　リレーション「注文」～「パソコンセット」はある学校の教育機器の注文に関するデータベース「注文記録一覧」である．データベースの内容は 3.3 節で述べる．

　リレーション「X 会員」～「Y 会員」はある社会人のテニスサークルの会員と家族に関するデータベース「会員情報」である．このテニスサークルでは，X 地域と Y 地域に分かれて活動しているが，コーチ（会員 ID：S001，S002）は両地域で指導しているので，「X 会員」と「Y 会員」の両方に記録されている．各地域は複数のグループに分かれることも想定している（なお，「会員情報」のリレーションは第 3 正規形（3.3.2 項参照）になっていないが，リレーショナル代数や SQL の例

X 会員　XMemberT

会員 ID	名前	年齢	グループ名	グループリーダ ID
MemberID	Name	Age	GName	GLeaderID
X001	横浜 優一	36	A	X003
X002	横須賀 浩	18	A	X003
X003	厚木 広光	26	A	X003
X004	川崎 一宏	31	B	X005
X005	秦野 義隆	42	B	X005
X006	鎌倉 雄介	22	B	X005
X007	逗子 哲	39	B	X005
S001	葉山 剛史	25	NULL	NULL
S002	三浦 智士	27	NULL	NULL

X 家族　XFamilyT

会員 ID	名前	続柄	年齢
MemberID	Name	Relation	Age
X001	横浜 理恵子	妻	30
X001	横浜 くみ子	子	4
X002	横須賀 圭佑	父	44
X002	横須賀 美沙緒	母	42
X005	秦野 真由美	妻	40

Y 会員　YMemberT

会員 ID	名前	年齢	グループ名	グループリーダ ID
MemberID	Name	Age	GName	GLeaderID
Y001	森里 拓夢	30	C	Y001
Y002	上荻野 亮	30	C	Y001
S001	葉山 剛史	25	NULL	NULL
S002	三浦 智士	27	NULL	NULL

（b）　会員情報

図 2.3　例題データベース（前見返しにも掲載）（2/2）

題として用いる都合である）．

2.3.3　整合性制約の説明に必要な概念

（1）　**主キー**　　各リレーションにおいて特定のタプルを指定したい場合がある．リレーションのタプルは位置（順番）による指定ができないので，指定するためにはユニーク（唯一）な値が必要である．リレーションは集合であるので，同じタプルは一つしか存在しない．このため，すべての属性の集合をとれば，全タプルを指定できることはいうまでもない．そうではなくて，単独の属性あるいは極小の属性集合で指定することを考える．リレーション「注文」では，注文番号と日付がそれぞれユニークな値をとっているので，これらの値で各タプルを指定できそうである．しかし，日付は現在のところ，たまたまユニークではあるが，同じ日に複数の注文をすると同じ値が重複する．したがって，リレーション「注文」では注文番号だけが，各タプルを指定できる属性である．このように各タプルを指定できる属性（本質的にユニークな属性）を**候補キー**（**candidate key**）という．リレーション「会社」では，会社 ID と会社名がそれぞれ候補キーである（住所の不明な会社

「注文記録一覧」を構成するリレーションスキーマの説明

リレーション名（表名）		説明		
日本語名	正式名			
注文	OrderT	注文 1 件ごとの記録		

属性名（列名）		説明	主キー	外部キーと参照先
日本語名	正式名			
注文番号	OrderID	注文ごとに付与	○	
日付	ODate	注文日		
会社 ID	OCorpID	注文先の会社 ID		○ → 会社（会社 ID）

リレーション名（表名）		説明		
日本語名	正式名			
会社	CorpT	注文先の会社情報		

属性名（列名）		説明	主キー	外部キーと参照先
日本語名	正式名			
会社 ID	CorpID	会社 ID	○	
会社名	CorpName	会社の名称		
会社住所	CorpAddr	会社の住所		

リレーション名（表名）		説明		
日本語名	正式名			
注文明細	DetailT	各注文の発注商品の記録		

属性名（列名）		説明	主キー	外部キーと参照先
日本語名	正式名			
注文番号	OrderID	注文番号	○	○ → 注文（注文番号）
商品名	Item	商品名		
価格	Price	千円単位の価格		
数量	Qty	注文数量		

リレーション名（表名）		説明		
日本語名	正式名			
パソコンセット	PCsetT	パソコンの構成要素		

属性名（列名）		説明	主キー	外部キーと参照先
日本語名	正式名			
商品名	Item	商品名	○	

（a）　図 2.3（a）の説明

図 2.4　例題データベースのリレーションスキーマの説明（1/2）

（中津屋）もあるので，住所は候補キーでない）.

　1 属性で候補キーになるとは限らず，複数の属性の集合で候補キーとなる場合もある. その場合を**複合キー**という. 例えば，学校のクラスを特定するときに，何年・何組というのと同じである. リレーション「注文明細」では注文番号と商品名

「会員情報」を構成するリレーションスキーマの説明

リレーション名（表名）		説明
日本語名	正式名	
X 会員	XMemberT	X 会員の情報

属性名（列名）		説明	主キー	外部キーと参照先
日本語名	正式名			
会員 ID	MemberID	会員 ID	○	
名前	Name	名前		
年齢	Age	年齢		
グループ名	GName	会員が属するグループ名		
グループリーダ ID	GLeaderID	グループリーダの会員 ID		○ → X 会員（会員 ID）

リレーション名（表名）		説明
日本語名	正式名	
X 家族	XFamilyT	X 会員の家族の情報

属性名（列名）		説明	主キー	外部キーと参照先
日本語名	正式名			
会員 ID	MemberID	会員 ID	○	○ → X 会員（会員 ID）
名前	Name	家族の名前		
続柄	Relation	会員からみた家族の続柄		
年齢	Age	家族の年齢		

リレーション名（表名）		説明
日本語名	正式名	
Y 会員	YMemberT	Y 会員の情報

属性名（列名）		説明	主キー	外部キーと参照先
日本語名	正式名			
会員 ID	MemberID	会員 ID	○	
名前	Name	名前		
年齢	Age	年齢		
グループ名	GName	会員が属するグループ名		
グループリーダ ID	GLeaderID	グループリーダの会員 ID		○ → Y 会員（会員 ID）

（b）　図 2.3（b）の説明

図 2.4 例題データベースのリレーションスキーマの説明（2/2）

の集合が候補キーとなる．注文番号と商品名のいずれか一方では候補キーにならないので，注文番号と商品名の集合が候補キーとなる極小の属性集合である．

　リレーション「会社」の会社 ID と会社名のように，候補キーが複数あるときに，その中の一つを設計者が**主キー**（**primary key**）に指定する．どれを主キーにするかは，データベースの目的に応じて設計者が定める．その候補キーが複合キーであった場合は**複合主キー**という．主キーでない候補キーを**代理キー**（**alternate key**）という．リレーション「会社」では会社 ID が主キーで，会社名を代理キー

としている．ただし，同名の会社がある場合は，会社名は候補キーにはならない．

候補キーが一つの場合はそれを主キーに指定する．

リレーションスキーマにおいて，主キーとなる属性を明示するためにアンダーラインを引く．主キー以外の属性を**非キー属性**（**non-key attribute**）という．

例題データベースの各リレーションの主キーを図2.4に示す．

（2）　**外部キー**　　リレーション「注文」における会社IDはリレーション「会社」における会社情報を参照するための属性である．このような属性を**外部キー**（**foreign key**）という．外部キーが参照する先の属性を**参照キー**という．

参照先は他のリレーションとは限らない．リレーション「X会員」において，グループリーダIDは各会員が属すグループのグループリーダの会員IDである．このグループリーダIDは外部キーであり，参照する先は同じリレーション「X会員」の主キーである．

例題データベースの各リレーションの外部キーとその参照先を図2.4に示す．

（3）　**ナ　ル**　　リレーション「会社」において，中津屋の住所が記録されていない．このように，何らかの理由で属性に記録する値がないことがあり得る．このことを表す特別な記号として**ナル**（**null**）（空値ともいう）が用いられる．

ナルとなる理由は3種類ある．

① **不明**：年齢など必ずあるはずであるが，記録時にわからないもの．

② **未定**：新入社員でまだ決まっていない所属部門など．

③ **無意味**：管理職の超勤手当（一般職の超勤手当＝0とは意味が異なる）など．

われわれが日常の表を作成するときは値がないと空欄やハイフン「-」にする．これと同じように，ナルではなくてスペース文字やハイフン文字でよいのではないかとの疑問がおこるかもしれない．しかし，値がないということは，他と比較したり，数値属性の場合に平均値を求める演算の対象にしたりできない．何らかの文字を使用してしまうと，比較演算の対象になったり，数値演算においてエラーが生じたりする．そこで，数値を含めたすべてのデータ属性に対して，統一的に値がないことを示す記号としてナルが用いられる．これにより，例えば，ナルを含む数値データの平均値を求める場合に，ナルを無視して適切な平均値が求められる．

ナルは他の値と比較できないので，この比較演算の結果は判定不能であり**不定**（**unknown**）という．特に，ナルどうしの比較もできないことに注意してほしい．できるのは「値がナルであるかどうかを確かめる」ことだけである．

> **ナルは not any**
>
> null はラテン語で not any の意味である．そう考えれば，「他のいずれの値とも等しくない」すなわち「他の値と比較できない」はよくわかる．

2.3.4 整 合 性 制 約

代表的な制約を以下に説明する．

（1） 主キー制約（primary key constraints） 主キーであると指定した属性の値はナルでなく，かつユニークでなければならない．この指定はリレーションで一つである．

この制約を守るために，DBMS はタプルの挿入時，あるいは主キーの変更時にすでに記録されている全タプルの主キーと比較し，重複があれば，挿入あるいは変更はできない．

（2） 外 部 キ ー 制 約（foreign key constraints）ま た は 参 照 整 合 性 制 約（referential integrity constraints） 外部キーであると指定した属性の値は，参照先の参照キーに必ず同じ値が存在しなければならない．参照キーに指定できるのは主キーまたはユニークキー（下記（3）②参照）である．ただし，外部キーの値としてナルは許される（**図2.5**（a）参照）．

この制約を守るために，外部キーを含むタプルを挿入，あるいは外部キーの値を変更するときには，DBMS は参照先のリレーションの参照キーに同じ値があるかど

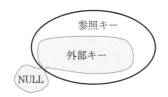

(注) 外部キーの（ナルでない）値は参照キーの値のいずれかと一致

（a） 外部キーと参照キーの値の包含関係

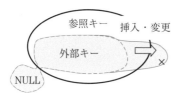

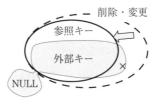

（b） 外部キー側の挿入・変更で　　　　（c） 参照キー側の削除・変更で
　　　包含関係がくずれ外部キー　　　　　　　包含関係がくずれ外部キー
　　　制約違反となる例　　　　　　　　　　　制約違反となる例

図2.5 外部キー制約

うかを確認する．同じ値があるときのみ挿入あるいは変更はできる（図2.5（b）参照）．逆に，参照されているリレーションのタプルを削除あるいは参照キーの値を変更するときは，DBMS は参照元の外部キーに同じ値があるかどうかを確認する．同じ値があると削除あるいは変更はできない（図2.5（c）参照）．

（3）　その他の制約

① **not null 制約**：属性の値がナルにならないことを指定する．

② **ユニーク制約**：属性の値がユニークであることを指定する．この指定をされた属性を**ユニークキー**という．この指定は，主キー制約と異なり，リレーションに複数指定できる．この制約だけでは属性の値がナルにならないことを指定していない．not null 制約と併せて指定すると代理キーに相当する[†]．

③ **ドメイン制約**：ドメインの値の範囲や具体な値を指定する．

　　例えば，リレーション「従業員」の属性「年齢」に入る値は「18」から「70」であるとか，属性「性別」に入る値は「男性」か「女性」などである．

④ **タプル制約**：タプルの複数の属性の値の間に何らかの規定をする．

　　例えば，リレーション「従業員」の属性「所属」がナルであれば属性「役職」もナルであるとか，属性「役職」が「管理職」であれば属性「超勤手当」はナルであるなどである．

2.4　リレーショナルモデルのデータ操作

データベースの操作はつぎのように分けられる．

① **検索**（**selection**）：条件を指定して，データベース中から該当するデータを選び出す．**問合せ**（**query**）ともいう．

② **更新**：データベースに何らかの変化を加える．つぎのように分けられる．

　・**挿入**（**insertion**）：新しいデータを追加する．

　・**削除**（**deletion**）：不要なデータを取り除く．

　・**変更**（**updation**）：値を変更する．

このような操作を指定する言語体系を，**データ操作言語**（**Data Manipulation Language**：**DML**）という．リレーショナルモデルのデータ操作言語として，E. F. コッドはつぎの言語体系を提案した．

　・**リレーショナル代数**（**relational algebra**）

　・**リレーショナル論理**（**relational calculus**）

[†]　主キーにはナルを認めないが，候補キーと代理キーにはナルも認めるという説もあるが，この説は，「候補キーのうちの選ばれた一つが主キーである」とする定義とは矛盾する．本書では，候補キーと代理キーにもナルは認められないとしている．

表現能力が高く，またわかりやすいリレーショナル代数を次節で説明する．

2.5 リレーショナル代数

2.5.1 概　　　要

リレーショナル代数にはつぎの8種類の演算がある．最初の四つは一般的な集合演算であり，残りの四つはリレーショナル代数特有の演算である．

① 和集合演算　　② 共通集合演算（交差集合演算ともいう）

③ 差集合演算　　④ 直積演算

⑤ 射影演算　　　⑥ 選択演算（制限演算ともいう）

⑦ 結合演算　　　⑧ 商演算（除算演算，分割演算ともいう）

リレーショナル代数はリレーションに対して演算され，その結果もリレーションである．このため，演算の結果に対してさらに演算をつぎつぎと施すことができる．これを**リレーショナル代数表現**（**relational algebra expression**）という．リレーショナル代数表現により，リレーショナルデータベースから目的の結果リレーションを求めることができる．

　自分が求めたいデータは，リレーショナルデータベース中のどのリレーションに対してどのようなリレーショナル代数を順次実行すれば求められるかを考えて，その考えたとおりにリレーショナル代数表現を記述することは，4章で説明するSQLの記述の訓練になる．このために，リレーショナル代数を学ぶことは意義がある．まず，リレーショナル代数が演算可能な条件を説明する．

2.5.2 演算可能な条件

（1）　**和両立**　　二つのリレーション R $(A_1, A_2, \cdots, A_n)$ と S $(B_1, B_2, \cdots, B_m)$ の間で，和集合演算，共通集合演算および差集合演算が可能となるためには，二つのリレーションのスキーマが等しいことが条件となる．これを**和両立**（**union compatible**）であるといい，正確にはつぎの二つの条件を満たしていることをいう（図2.6参照）．

　　① R と S の次数が等しい（$n = m$）

　　② 各 i（$1 \leq i \leq n$）について，A_i と B_i のドメインが
　　　等しい

（2）　**θ 比較可能**　　θ を <（小なり），≦（以下），=（等しい），≧（以上），>（大なり），≠（等しくない）のいずれかの二項比較演算子とする．選択演算および結合演算では θ に

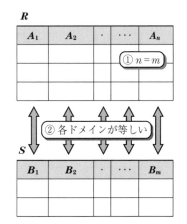

図2.6　和両立の条件

よる比較演算が必要であり，その比較演算が可能となる条件を**θ比較可能**（**θ-comparable**）であるという．つぎの三つの場合がある．

（ⅰ）　リレーション R $(A_1, A_2, \cdots, A_n)$ の二つの属性 A_i $(1 \leq i \leq n)$ と A_j $(1 \leq j \leq n)$ とが θ 比較可能であるとは，つぎの二つの条件（選択演算と結合演算（自己結合）で必要な条件）を満たしていることをいう（**図2.7**（a）参照）．

　① A_i と A_j のドメインが等しい

　② $r[A_i] \theta r[A_j]$ の真偽がつねに定まる

　ここで，$r[A_i]$ と $r[A_j]$ は R の任意タプル r の属性 A_i と A_j の値である．

（ⅱ）　リレーション R $(A_1, A_2, \cdots, A_n)$ の属性 A $(1 \leq i \leq n)$ とリレーション S $(B_1, B_2, \cdots, B_m)$ の属性 B_j $(1 \leq j \leq m)$ とが θ 比較可能であるとは，つぎの二つの条件（結合演算で必要な条件）を満たしていることをいう（図2.7（b）参照）．

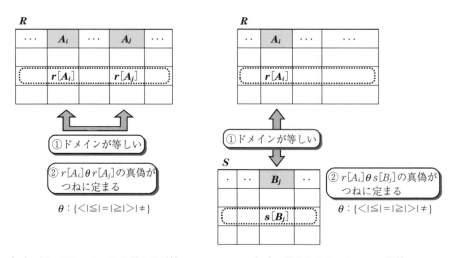

（a）　同一リレーションの異なる属性　　　　（b）　異なるリレーションの属性

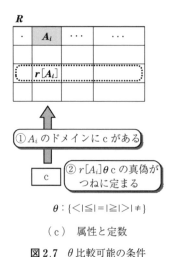

（c）　属性と定数

図2.7　θ比較可能の条件

①　A_i と B_j のドメインが等しい

②　$r[A_i]\theta s[B_j]$ の真偽がつねに定まる

　ここで，$r[A_i]$ と $s[B_j]$ は R の任意タプル r の属性 A_i の値と S の任意タプル s の属性 B_j の値である．

（ⅲ）　リレーション R $(A_1, A_2, \cdots, A_n)$ の属性 A_i $(1 \leqq i \leqq n)$ と定数 c が θ 比較可能であるとは，つぎの二つの条件（選択演算で必要な条件）を満たしていることをいう（図 2.7（c）参照）．

①　A_i のドメインに c がある

②　$r[A_i]\theta c$ の真偽がつねに定まる

　ここで，$r[A_i]$ は R の任意タプル r の属性 A_i の値である．

2.5.3　リレーショナル代数

　本項で演算の対象として用いる例題データベースを，図2.3および前見返しに示す．

　リレーショナル代数はリレーションに対して演算され，その結果もリレーションである．結果のリレーションを**結果リレーション**（**result relation**）といい，データベースにあるリレーションを**実リレーション**（**base relation**）という．

　本項では，まず各演算の概要を説明した後，【**書式**】でリレーショナル代数の書き方を説明し，【**定義**】でフォーマルな定義を述べる．つぎに【**R1**】，【**R2**】…では，図2.3あるいは前見返しに示すリレーション（表）を用いたリレーショナル代数の記述例を示す．最初に読むときは【**定義**】が難しければ読み飛ばしても大丈夫であり，2回目に読むときにしっかり読めばより理解が深まる．

　（**1**）　**和集合演算**　　R と S が和両立なリレーションであるとき，R のタプルであるかまたは S のタプルからなるリレーションを求める演算を**和集合演算**という（図2.8参照）．その結果リレーションを R と S の**和集合**（**union**）という．注意してほしいのは，和集合には R と S の両方に含まれるタプルは重複せず各1タプルだけ含まれることである．

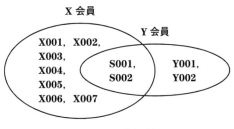

図2.8　和集合演算

【**書式**】　$R \cup S$

　ここで，$\cup$ が和集合演算を表す演算子であり，$R \cup S$ は結果リレーションを表している．

【**定義**】　正確にはつぎのように定義される．

　　　　$R \cup S = \{t \mid t \in R \vee t \in S\}$

　ここで，∨は**論理和**（**logical union**）を表し，「$t \in R$」は「tは集合Rの要素である」こと（すなわちタプルであること）を表している．$\{t \mid P(t)\}$は「命題$P(t)$が真であるものをすべて集めた集合である」ことを表している．

【R1】　リレーション「**X会員**」とリレーション「**Y会員**」の和集合を求める．

XMemberT∪YMemberT

MemberID	Name	Age	GName	GLeaderID
X001	横浜　優一	36	A	X003
X002	横須賀　浩	18	A	X003
X003	厚木　広光	26	A	X003
X004	川崎　一宏	31	B	X005
X005	秦野　義隆	42	B	X005
X006	鎌倉　雄介	22	B	X005
X007	逗子　哲	39	B	X005
S001	葉山　剛史	25	NULL	NULL
S002	三浦　智士	27	NULL	NULL
Y001	森里　拓夢	30	C	Y001
Y002	上荻野　亮	30	C	Y001

　※　MemberID が S001 と S002 のタプルの重複が除去され，各1タプルとなっている．

　（2）　共通集合演算（交差集合演算）　RとSが和両立なリレーションであるとき，RとSの両方に属するタプルからなるリレーションを求める演算を**共通集合演算**（または**交差集合演算**）という（**図2.9**参照）．その結果のリレーションをRとSの**共通集合**（**intersection**）という．共通集合のタプルはRのタプルでありかつSのタプルである．

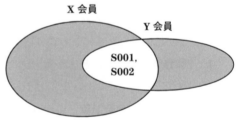

図2.9　共通集合演算

【書式】　$R \cap S$

　ここで，∩が共通集合演算を表す演算子であり，$R \cap S$は結果リレーションを表している．

【定義】　正確にはつぎのように定義される．

$$R \cap S = \{t \mid t \in R \wedge t \in S\}$$

　ここで，∧は**論理積**（**logical product**）を表している．

【R2】　リレーション「**X会員**」とリレーション「**Y会員**」の共通集合を求める．

XMemberT∩YMemberT

MemberID	Name	Age	GName	GLeaderID
S001	葉山 剛史	25	NULL	NULL
S002	三浦 智士	27	NULL	NULL

（3） **差集合演算**　RとSが和両立なリレーションであるとき，Rのタプルから Sのタプルを除いたリレーションを求める演算を**差集合演算**という（図2.10,図2.11参照）．その結果リレーションをRとSの**差集合**（**difference**）という．

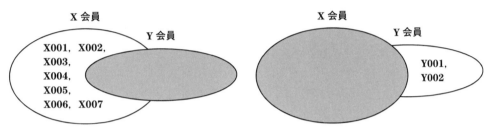

図2.10　差集合演算（X会員−Y会員）　　　図2.11　差集合演算（Y会員−X会員）

【**書式**】　R−S

　ここで，−が差集合演算を表す演算子であり，R−Sは結果リレーションを表している．

【**定義**】　正確にはつぎのように定義される．

　　　　$R-S = \{t \mid t \in R \land \neg t \in S\}$

　ここで，¬は**論理否定**（**logical negation**）を表している．

【R3】　リレーション「**X会員**」とリレーション「**Y会員**」の差集合を求める．

XMemberT − YMemberT

MemberID	Name	Age	GName	GLeaderID
X001	横浜 優一	36	A	X003
X002	横須賀 浩	18	A	X003
X003	厚木 広光	26	A	X003
X004	川崎 一宏	31	B	X005
X005	秦野 義隆	42	B	X005
X006	鎌倉 雄介	22	B	X005
X007	逗子 哲	39	B	X005

【R4】　リレーション「**Y会員**」とリレーション「**X会員**」の差集合を求める．

YMemberT − XMemberT

MemberID	Name	Age	GName	GLeaderID
Y001	森里 拓夢	30	C	NULL
Y002	上荻野 亮	30	C	NULL

（4）　**直積演算**　　二つのリレーション $R\,(A_1, A_2, \cdots, A_n)$ と $S\,(B_1, B_2, \cdots, B_m)$ のタプルのすべての組合せを求める演算を**直積演算**という．その結果リレーションを R と S の**直積**（**direct product**）という．直積の次数は $n+m$ であり，直積の濃度は，R の濃度と S の濃度をかけたものになる．

【書式】　$R \times S$

　ここで，×が直積演算を表す演算子であり，$R \times S$ は結果リレーションを表している．

【定義】　正確にはつぎのように定義される．

$$R \times S = \{(r, s) \mid r \in R \land s \in S\}$$

　ここで，$r = (a_1, a_2, \cdots, a_n)$，$s = (b_1, b_2, \cdots, b_m)$ とするときに，$(r, s) = (a_1, a_2, \cdots, a_n, b_1, b_2, \cdots, b_m)$ である．

【R5】　リレーション「注文」とリレーション「会社」の直積を求める．

OrderT × CorpT

OrderID	ODate	OCorpID	CorpID	CorpName	CorpAddr
16001	2021-04-15	A011	A011	丹沢商会	秦野市 XX
16002	2021-05-11	B112	A011	丹沢商会	秦野市 XX
16003	2021-05-17	A011	A011	丹沢商会	秦野市 XX
16004	2021-06-23	A012	A011	丹沢商会	秦野市 XX
16001	2021-04-15	A011	A012	大山商店	伊勢原市 YY
16002	2021-05-11	B112	A012	大山商店	伊勢原市 YY
16003	2021-05-17	A011	A012	大山商店	伊勢原市 YY
16004	2021-06-23	A012	A012	大山商店	伊勢原市 YY
16001	2021-04-15	A011	B112	中津屋	NULL
16002	2021-05-11	B112	B112	中津屋	NULL
16003	2021-05-17	A011	B112	中津屋	NULL
16004	2021-06-23	A012	B112	中津屋	NULL
16001	2021-04-15	A011	C113	墨田書店	東京都 ZZ
16002	2021-05-11	B112	C113	墨田書店	東京都 ZZ
16003	2021-05-17	A011	C113	墨田書店	東京都 ZZ
16004	2021-06-23	A012	C113	墨田書店	東京都 ZZ

（5）　**射影演算**　　リレーション $R\,(A_1, A_2, \cdots, A_n)$ を縦方向に切り出す，すなわち一部分の属性からなるリレーションにする演算を**射影演算**（**projection**）という．

【書式】　$R[A_{i1}, A_{i2}, \cdots, A_{ik}]$

　ここで，R の全属性集合 $\{A_1, A_2, \cdots, A_n\}$ の部分集合を $X = \{A_{i1}, A_{i2}, \cdots, A_{ik}\}$ とする．ただし，$1 \leq i1 < i2 < \cdots < ik \leq n$ である．このとき，R を X 上へ射影演算した結果リレーションを $R[X]$ あるいは $R[A_{i1}, A_{i2}, \cdots, A_{ik}]$ と表す．$R[X]$ はもとの属性集合の部分集合 $X = \{A_{i1}, A_{i2}, \cdots, A_{ik}\}$ のみを取り出したリレーションである．$R[X]$ の次数は k である．リレーションは集合であるので，要素の重複は許されず，重複タプルがあれば削除される．このため，$R[X]$ の濃度は R の濃度以下となる．

【定義】　正確にはつぎのように定義される．

$$R[A_{i1}, A_{i2}, \cdots, A_{ik}] = \{u \mid t \in R \wedge u = t[A_{i1}, A_{i2}, \cdots, A_{ik}]\}$$

　ここで，$t[A_{i1}, A_{i2}, \cdots, A_{ik}]$ は，R のタプル t の属性 $A_{i1}, A_{i2}, \cdots, A_{ik}$ の値である．

【R6】　リレーション「注文明細」の注文番号と商品名を取り出す．

DetailT〔OrderID, Item〕

OrderID	Item
16001	パソコン
16001	ハードディスク
16001	テーブルタップ
16001	ディスプレイ
16002	ディジタルカメラ
16002	SD メモリカード
16003	フィルター
16003	パソコン
16004	ノートパソコン
16004	キャリアー
16004	バッテリー
16004	ディスプレイ

【R7】　リレーション「注文明細」の注文番号を取り出す．

DetailT〔OrderID〕

OrderID
16001
16002
16003
16004

　※　重複タプルは除去されている．

　（6）　**選択演算（制限演算）**　リレーション $R(A_1, A_2, \cdots, A_n)$ を横方向に切り出す，すなわちある条件を満たすタプルのみからなるリレーションにする演算を**選択演算（selection）**あるいは**制限演算（restriction）**という．

【書式】　$R[A_i\theta A_j]$　：属性どうしの比較条件指定

$\qquad\quad R[A_i\theta c]$　：属性と定数との比較条件指定

$\qquad\quad \theta$　　　　：$<$，$\leqq$，$=$，$\geqq$，$>$，$\neq$のいずれかの二項比較演算子

　ここで，$[A_i\theta A_j]$ は選択条件を指定しており，Rの属性 A_i と A_j とが θ 比較可能であるときに，属性 A_i と A_j との θ 比較条件を表している．この比較条件が成立するタプル群が結果リレーションであり，$R[A_i\theta A_j]$ と表す．

　同様に，$[A_i\theta c]$ は選択条件を指定しており，属性 A_i と定数 c とが θ 比較可能であるときに，属性 A_i と定数 c との θ 比較条件を表している．この比較条件が成立するタプル群が結果リレーションであり，$R[A_i\theta c]$ と表す．

【定義】　正確にはつぎのように定義される．

$$R[A_i\theta A_j] = \{t\,|\,t\in R \wedge t[A_i]\theta t[A_j]\}$$
$$R[A_i\theta c] = \{t\,|\,t\in R \wedge t[A_i]\theta c\}$$

　つまり，選択演算は R のタプル t の属性 A_i の値と A_j の値（または定数 c）が θ の関係を満たす，すなわち $t[A_i]\theta t[A_j]=$ 真（または $t[A_i]\theta c=$ 真）であるタプル群からなるリレーションにする演算である．

【R8】　リレーション「**X 会員**」でグループリーダをやっている会員を知りたい

　　　　（グループリーダ ID が自分の会員 ID である会員が該当する）．

XMemberT〔MemberID＝GLeaderID〕

MemberID	Name	Age	GName	GLeaderID
X003	厚木 広光	26	A	X003
X005	秦野 義隆	42	B	X005

【R9】　リレーション「**注文明細**」で商品名がパソコンであるものを知りたい．

DetailT〔Item＝パソコン〕

OrderID	Item	Price	Qty
16001	パソコン	100	2
16003	パソコン	90	3

【R10】　リレーション「**注文明細**」で価格が 10 以下であるものを知りたい．

DetailT〔Price≦10〕

OrderID	Item	Price	Qty
16001	テーブルタップ	2	4
16002	**SD** メモリカード	10	2
16003	フィルター	6	2
16004	キャリアー	5	1
16004	バッテリー	9	1

（7） **結合演算**　　二つのリレーション $R(A_1, A_2, \cdots, A_n)$ と $S(B_1, B_2, \cdots, B_m)$ のタプルとタプルを，おのおのの属性値 A_i と B_j がある条件を満たすものどうしを結びつける演算を**結合演算**（**join**）という.

【書式】　$R[A_i\theta B_j]S$

　　　　θ：$<$，$\leqq$，$=$，$\geqq$，$>$，$\neq$ のいずれかの二項比較演算子

　ここで，$[A_i\theta B_j]$ は結合条件を指定しており，R の属性 A_i と S の属性 B_j とが θ 比較可能であるときに，A_i と B_j との θ 比較条件を表している．この比較条件が成立するタプル群が結果リレーションであり，$R[A_i\theta B_j]S$ と表す．結果リレーションの次数は $n+m$ となる.

　リレーショナルデータベースでは，データはリレーションという単位で格納されているため，結合演算は複数のリレーション中のデータ（タプル）を結びつけて新たなデータを作る重要な演算である.

　最も基本となる結合演算は，二つの属性値 A_i と B_j とが等しいタプルを結びつける演算であり，これを**等結合**（**equi-join**）といい，結果のリレーションを $R[A_i=B_j]S$ と表す．これは，一方のリレーションの外部キーと他方のリレーションの主キーを結びつけるときによく使用される.

　3章で述べるように，データベースの設計においては，リレーションを正規化するために，リレーションを分割することがある．この分割されたリレーションをもとに戻す際にも等結合（正確には2.5.4項（3）で述べる自然結合）が使用される．θ が「$=$」以外の結合演算を **θ結合**（**θ-join**）という.

【定義】　正確にはつぎのように定義される.

　　　　$R[A_i\theta B_j]S=\{(r, s)\,|\,r\in R\land s\in S\land r[A_i]\,\theta s[B_j]\}$

【R11】　リレーション「**注文**」とリレーション「**会社**」の，**会社 ID** による等結合を求める.

OrderT　[OCorpID＝CorpID]　CorpT

OrderID	ODate	OCorpID	CorpID	CorpName	CorpAddr
16001	2021-04-15	A011	A011	丹沢商会	秦野市 XX
16002	2021-05-11	B112	B112	中津屋	NULL
16003	2021-05-17	A011	A011	丹沢商会	秦野市 XX
16004	2021-06-23	A012	A012	大山商店	伊勢原市 YY

（8）　**商演算（除算演算，分割演算）**　この演算はわかりにくいので，**図2.12**において，$R(A, B)$ を $S(B)$ で**割る演算**を例として説明する．ここで，$R(A, B)$ を**被除リレーション**（**dividend relation**），$S(B)$ を**除リレーション**（**divisor relation**），結果のリレーションを**商**（**relational division**）という．この演算を**商演算**（あるいは**除算演算，分割演算**）という．商演算の両リレーションには共通属性（この例では B）があり，被除リレーションにはそれ以外に個別属性（この例では A）がある．$R(A, B)$ を $S(B)$ で割る演算はつぎのように処理される．

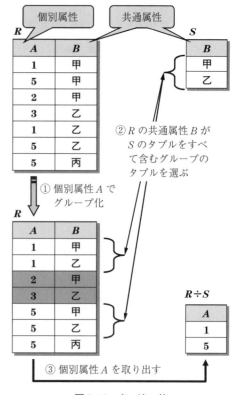

図 2.12　商　演　算

① $R(A, B)$ のタプルを個別属性 A でグループ化する．

② 各グループで $R(A, B)$ の共通属性 B が，S（B）のタプルをすべて含むグループのタプルを選ぶ．

③ そのタプルの個別属性 A を取り出したものが商となる．

すなわち，商演算はリレーション S のすべての属性の値を同時に満たすリレーション R のタプルを選び出し，S の属性を取り除いた属性を取り出す演算である．

【書式】　$R \div S$

ここで，$\div$ が商演算を表す演算子であり，$R \div S$ は結果リレーションを表している．

商演算は直積演算の結果のリレーションを分割して，もとのリレーションに戻す演算でもある．このことが，「商演算」といわれるゆえんである（直積演算の逆演算）．**図2.13**に示すように，$(T(A) \times S(B)) \div S(B)$ は $T(A)$ となる．ただし，$(R(A, B) \div S(B)) \times S(B)$ は $R(A, B)$ になるとは限らないことに注意してほしい．

前記の例で共通属性や個別属性は単一属性であったが複数の属性でもよく，一般的にはつぎのように定義される．

T		S		U=T×S			U÷S→T	
A		**B**		**A**	**B**		**A**	
1		甲		1	甲		1	
2		乙		1	乙		2	
3				2	甲		3	
4				2	乙		4	
5				3	甲		5	
				3	乙			
				4	甲			
				4	乙			
				5	甲			
				5	乙			

図 2.13　直積演算の逆演算となる商演算

【定義】　$R(A_1, A_2, \cdots, A_{n-m}, B_1, B_2, \cdots, B_m)$ を n 次（$m<n$），$S(B_1, B_2, \cdots, B_m)$ を m 次のリレーションとするときに，R を S で割る演算の結果リレーションは $R÷S$ と表され，つぎのように定義される．

$$R÷S = \{t \,|\, t \in R[A_1, A_2, \cdots, A_{n-m}] \land (\forall u \in S)((t, u) \in R)\}$$

ここで，$\forall$ は**全称記号**（**universal symbol**），$\forall u$ は**全称作用素**（**universal quantifier**）であり，$(\forall u \in S)P(u)$ は，「集合 S のすべての要素 u に対して命題 $P(u)$ が成立する」ことを表している（上記定義の「$\land$」の後半の記述は「S のすべてのタプル u に対して (t, u) が R のタプルである」ことを表している）．

　商演算の利用例を例題データベースで説明する．リレーション「注文明細」において，特定の商品の組合せ，例えばパソコンとディスプレイの組合せ（すなわちリレーション「パソコンセット」中のすべてのタプル）を含んでいる注文の注文番号を調べたいときがあり，このようなときに商演算を適用する．例題データベースを見ればわかると思うが，注文番号：16001 が商となってほしい．

　しかし，前述の定義で，注文明細÷パソコンセットの演算を行うと商は空集合となる．なぜなら，注文明細において共通属性は商品名，個別属性は注文番号，価格，数量であり，個別属性の{注文番号，価格，数量}でグループ化すると，各グループは1タプルずつになり，共通属性がパソコンセットのすべてを含むグループは存在しない．この例のように，個別属性に商として出力する属性と，それ以外の属性を含むリレーションに対して商演算を実行することが実用上必要になる．このような商演算はリレーショナル代数表現で表せるので，次項で説明する．

2.5.4　リレーショナル代数表現

すでに述べたように，リレーションに対してリレーショナル代数演算を任意に組

み合わせて実行することができる．これを**リレーショナル代数表現**（**relational algebra expression**）という．以下，単に**表現**と略すこともある．この表現においては，演算の順序を表すために「（　）」を使用し，それ以外は左から右へと実行する．

（**1**）　**実用的な商演算の表現**　　商演算の定義の拡張を考える．**図2.14**に示すように，被除リレーション$R(A, B, C)$に商として出力する個別属性Aと共通属性B以外に属性Cを含み，除リレーション$S(B, D)$に共通属性B以外に属性Dを含むリレーション間の商演算を考える．これらの属性C, Dを**付随属性**と呼ぶことにする．結果のリレーションを$R(A, B, C) \div_{(A:B)} S(B, D)$と表す．ここで，個別属性と付随属性はともに共通属性ではないが，それらの違いを明確にするため，商として出力する個別属性を**出力属性**と呼ぶことにする．また，共通属性をその役割により，**比較属性**と呼ぶことにする．商の演算子「÷」のサフィックスで出力属性と比較属性を明示する．

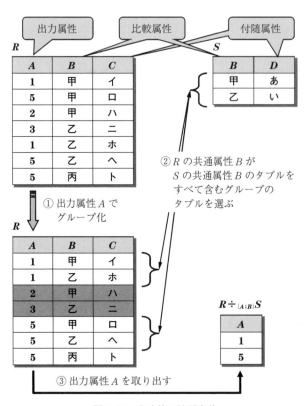

図2.14　商演算の拡張定義

$R(A, B, C)$を$S(B, D)$で割る演算は，つぎのように処理される．

① $R(A, B, C)$のタプルを出力属性Aでグループ化する．

② 各グループで$R(A, B, C)$の比較属性Bが，$S(B)$の比較属性Bのタプルをすべて含むグループのタプルを選ぶ．

③ そのタプルの出力属性 A を取り出したものが商となる.

この拡張定義の商演算は，射影と従来定義の商演算を使って，つぎのように表現できる.

$$R(A, B, C) \div _{(A:B)} S(B, D) = (R[A, B]) \div (S[B])$$

前記例で出力属性，比較属性や付随属性は単一属性であったが，複数の属性でもよく，$R(A_1, A_2, \cdots, A_{n-m-k}, B_1, B_2, \cdots, B_m, C_1, C_2, \cdots, C_k)$ を n 次（$m+k<n$），$S(B_1, B_2, \cdots, B_m, D_1, D_2, \cdots, D_{l-m})$ を l 次（$m<l$）のリレーションとするときに，R を S で割る演算は射影と従来定義の商演算を使って，つぎのように表現できる.

$$R \div _{(A:B)} S = (R[A_1, A_2, \cdots, A_{n-m-k}, B_1, B_2, \cdots, B_m]) \div (S[B_1, B_2, \cdots, B_m])$$

（ただし，A は $A_1, A_2, \cdots, A_{n-m-k}$ を，B は $B_1, B_2, \cdots, B_m$ を表す.）

拡張定義の商演算は，射影と従来定義の商演算とで表現できるので，改めて定義する必要はないと思うかもしれない．しかし，商演算を SQL で記述する際には，射影と商演算によるリレーショナル代数表現との対比より，拡張定義の商演算との対比のほうが理解しやすい（4.4.7項（6）参照）．なお，拡張定義の商演算は，射影と従来定義の商演算を使って表現しなくても，つぎのようにも定義できる.

【商演算の拡張定義】 （原と速水による定義[†]）

$R(A_1, A_2, \cdots, A_{n-m-k}, B_1, B_2, \cdots, B_m, C_1, C_2, \cdots, C_k)$ を n 次（$m+k<n$），$S(B_1, B_2, \cdots, B_m, D_1, D_2, \cdots, D_{l-m})$ を l 次（$m<l$）のリレーションとするときに，R を S で割る演算の結果リレーションは $R \div _{(A:B)} S$ と表され，つぎのように定義される．商の演算子「$\div$」のサフィックス「$A;B$」は出力属性と比較属性を表す.

$$R \div _{(A:B)} S = \{t \mid t \in R[A_1, A_2, \cdots, A_{n-m-k}] \wedge (\forall u \in S[B_1, B_2, \cdots, B_m])$$
$$((t, u) \in R[A_1, A_2, \cdots, A_{n-m-k}, B_1, B_2, \cdots, B_m])\}$$

【R12】 注文の中にパソコンセット（パソコンとディスプレイ）を注文した注文番号を求める（リレーション「**注文明細**」を，リレーション「**パソコンセット**」で割った商を前記の拡張定義に従って求める）.

DetailT $\div _{(OrderID:Item)}$ PCsetT = (DetailT[OrderID, Item]) $\div$ (PCsetT[Item])

OrderID
16001

商演算の活用例

商演算は以下のような問合せに使用できる.

[†] 2008.3.8 ～ 2008.4.25，日本ユニシス株式会社 原潔先生との電子メールでの議論による.

（使用例1）　友達の趣味一覧を記載したデータベースを作っていたとし，マイ
　　　　　　　ブームのテニスと写真をともに趣味にしている友達を求める．

　　被除リレーション：友達趣味一覧（<u>友達名</u>，<u>趣味名</u>）

　　除リレーション：マイブーム（<u>趣味名</u>）

　　出力属性：友達名，比較属性：趣味名

　　（注）　リレーションのタプルの属性には一つの値しか入らないので，
「友達趣味一覧」において複数の趣味を持つ友達は複数のタプルとなって
いる．「マイブーム」にはテニスと写真の2タプルが入っている．そして
「友達趣味一覧」，「マイブーム」に趣味の「開始日」などの付随属性があ
る場合は拡張定義の商演算で求めることができる．

（使用例2）　複数の課題レポートの提出を求める講義において，全レポートを
　　　　　　　提出している学生を求める．

　　被除リレーション：レポート提出状況（<u>学生名</u>，<u>レポートID</u>，提出日，
　　　　　　　　　　　　評価）

　　除リレーション：レポート一覧（<u>レポートID</u>，課題名，提出期限）

　　出力属性：学生名，比較属性：レポートID

　　付随属性：提出日，評価，課題名，提出期限

　SQLに商演算に直接対応する述語はないが，副問合せを用いて商演算をSQL
で実行できる（4.4.7項（6）参照）．このSQLの記述を説明した教科書は少な
い．特に，付随属性の扱いを述べた教科書はさらに少ない．付随属性を扱うこと
で，上記の使用例のように実用的な商演算が可能となる．

（2）　従属的なリレーショナル代数演算の表現　　先に説明した八つのリレー
ショナル代数演算は，すべてが独立したものではなく，共通集合演算，結合演算お
よび商演算の演算は他の演算の組合せと等価である．すなわち，これらの演算はリ
レーショナル代数表現で記述することができる．

　（ⅰ）　共通集合演算　　共通集合演算は差集合演算を使って，つぎのように表
現できる（**図2.15**参照）．

$$R \cap S = R - (R - S) = S - (S - R)$$

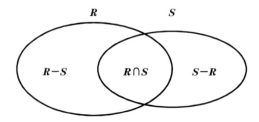

図2.15　差集合演算の組合せによる
　　　　　　共通集合演算

【R13】 XMemberT∩YMemberT

　　　＝XMemberT－（XMemberT－YMemberT）**を確認する**.

① XMemberT∩YMemberT　　……（左辺）

MemberID	Name	Age	GName	GLeaderID
S001	葉山　剛史	25	NULL	NULL
S002	三浦　智士	27	NULL	NULL

② XMemberT－YMemberT

MemberID	Name	Age	GName	GLeaderID
X001	横浜　優一	36	A	X003
X002	横須賀　浩	18	A	X003
X003	厚木　広光	26	A	X003
X004	川崎　一宏	31	B	X005
X005	秦野　義隆	42	B	X005
X006	鎌倉　雄介	22	B	X005
X007	逗子　哲	39	B	X005

③ XMemberT－（XMemberT－YMemberT）　　……（右辺）

MemberID	Name	Age	GName	GLeaderID
X001	横浜　優一	36	A	X003
X002	横須賀　浩	18	A	X003
X003	厚木　広光	26	A	X003
X004	川崎　一宏	31	B	X005
X005	秦野　義隆	42	B	X005
X006	鎌倉　雄介	22	B	X005
X007	逗子　哲	39	B	X005
S001	葉山　剛史	25	NULL	NULL
S002	三浦　智士	27	NULL	NULL

※ XMemberT のタプルに対して，（XMemberT－YMemberT）のタプルに網掛け
　をしたので，網掛けのないタプルが XMemberT－（XMemberT－YMemberT）
　であり，①と同じリレーションである.

　（ⅱ）　結合演算　　結合演算は直積演算と選択演算を使って，つぎのように
表現できる.

　　$R[A_i\theta B_j]S = (R \times S)[A_i\theta B_j]$

　直積演算により両リレーションのすべてのタプルの組合せからなるリレー
ションができ，その中で $t[A_i]\theta t[B_j]$ が真となるタプル群のみからなるリレー
ションを選択すると，それは $R[A_i\theta B_j]S$ である.

【R14】 OrderT[OCorpID＝CorpID]CorpT

  ＝（OrderT×CorpT）[OCorpID＝CorpID] を確認する.

① OrderT [OCorpID＝CorpID] CorpT   …… （左辺）

OrderID	ODate	OCorpID	CorpID	CorpName	CorpAddr
16001	2021-04-15	A011	A011	丹沢商会	秦野市 XX
16002	2021-05-11	B112	B112	中津屋	NULL
16003	2021-05-17	A011	A011	丹沢商会	秦野市 XX
16004	2021-06-23	A012	A012	大山商店	伊勢原市 YY

② （OrderT×CorpT）[OCorpID＝CorpID]   …… （右辺）

OrderID	ODate	OCorpID	CorpID	CorpName	CorpAddr
16001	2021-04-15	A011	A011	丹沢商会	秦野市 XX
16002	2021-05-11	B112	A011	丹沢商会	秦野市 XX
16003	2021-05-17	A011	A011	丹沢商会	秦野市 XX
16004	2021-06-23	A012	A011	丹沢商会	秦野市 XX
16001	2021-04-15	A011	A012	大山商店	伊勢原市 YY
16002	2021-05-11	B112	A012	大山商店	伊勢原市 YY
16003	2021-05-17	A011	A012	大山商店	伊勢原市 YY
16004	2021-06-23	A012	A012	大山商店	伊勢原市 YY
16001	2021-04-15	A011	B112	中津屋	NULL
16002	2021-05-11	B112	B112	中津屋	NULL
16003	2021-05-17	A011	B112	中津屋	NULL
16004	2021-06-23	A012	B112	中津屋	NULL
16001	2021-04-15	A011	C113	墨田書店	東京都 ZZ
16002	2021-05-11	B112	C113	墨田書店	東京都 ZZ
16003	2021-05-17	A011	C113	墨田書店	東京都 ZZ
16004	2021-06-23	A012	C113	墨田書店	東京都 ZZ

※ （OrderT×CorpT）のタプルに対して，OCorpID＝CorpID が成立しないタプルに網掛けをしたので，網掛けのないタプルが（OrderT×CorpT）[OCorpID＝CorpID] であり，①と同じリレーションである.

（iii） 商演算 $R(A_1, A_2, \cdots, A_{n-m}, B_1, B_2, \cdots, B_m)$ を $S(B_1, B_2, \cdots, B_m)$ で割る演算は，直積演算，差集合演算および射影演算を使ってつぎのように表現できる.

$R \div S = R[A_1, A_2, \cdots, A_{n-m}]$

$\qquad -((R[A_1, A_2, \cdots, A_{n-m}] \times S) - R)[A_1, A_2, \cdots, A_{n-m}]$

$R(A_1, A_2, \cdots, A_{n-m-k}, B_1, B_2, \cdots, B_m, C_1, C_2, \cdots, C_k)$ を $S(B_1, B_2, \cdots, B_m, D_1, D_2, \cdots, D_{l-m})$ で割る演算は，同様につぎのように表現できる.

$R \div_{(A:B)} S = R[A_1, A_2, \cdots, A_{n-m-k}]$

$\qquad -((R[A_1, A_2, \cdots, A_{n-m-k}] \times S[B_1, B_2, \cdots, B_m])$

$\qquad\qquad -R[A_1, A_2, \cdots, A_{n-m-k}, B_1, B_2, \cdots, B_m])[A_1, A_2, \cdots, A_{n-m-k}]$

（ただし，A は $A_1, A_2, \cdots, A_{n-m-k}$ を，B は $B_1, B_2, \cdots, B_m$ を表す.）

【R15】　DetailT $\div_{(\text{OrderID}:\text{Item})}$ PCsetT

　　　＝ DetailT[OrderID] － ((DetailT[OrderID] × PCsetT[Item])

　　　　－ DetailT[OrderID, Item]) [OrderID]　**を確認する**.

① DetailT $\div_{(\text{OrderID}:\text{Item})}$ PCsetT　　……（左辺）

OrderID
16001

② DetailT[OrderID]

OrderID
16001
16002
16003
16004

③ DetailT[OrderID] × PCsetT[Item]

OrderID	Item
16001	パソコン
16001	ディスプレイ
16002	パソコン
16002	ディスプレイ
16003	パソコン
16003	ディスプレイ
16004	パソコン
16004	ディスプレイ

④ DetailT[OrderID, Item]

OrderID	Item
16001	パソコン
16001	ハードディスク
16001	テーブルタップ
16001	ディスプレイ
16002	ディジタルカメラ
16002	SD メモリカード
16003	フィルター
16003	パソコン
16004	ノートパソコン
16004	キャリアー
16004	バッテリー
16004	ディスプレイ

⑤ （DetailT［OrderID］×PCsetT［Item］）− DetailT［OrderID, Item］

OrderID	Item
16002	パソコン
16002	ディスプレイ
16003	ディスプレイ
16004	パソコン

⑥ （（DetailT［OrderID］×PCsetT［Item］）− DetailT［OrderID, Item］）［OrderID］

OrderID
16002
16003
16004

⑦ DetailT［OrderID］−⑥　　……（右辺）

OrderID
16001

※ ① と同じリレーションである.

（3）　**自然結合**　　等結合の特殊な場合であるが，リレーショナルデータベースにおいてきわめて重要な演算に**自然結合**（**natural join**）がある．これは二つのリレーション $R(A_1, A_2, \cdots, A_i, C, A_{i+1}, \cdots, A_n)$ と $S(B_1, B_2, \cdots, B_j, C, B_{j+1}, \cdots, B_m)$ に共通属性 C があり，その属性 C で結びつける演算であり，結果のリレーションを $R*S$ と表す．その次数は $n+m-1$ となる．

これは，3章で述べる**正規化**（**normalization**）におけるリレーションの**情報無損失分解**（**information lossless decomposition**）をもとに戻す演算である．

【定義】　自然結合は，結合演算と射影演算を使って，つぎのように定義される．

$$R*S = (R[C=C]S)$$

$$[A_1, A_2, \cdots, A_i, C, A_{i+1}, \cdots, A_n, B_1, B_2, \cdots, B_j, B_{j+1}, \cdots, B_m]$$

リレーション S の共通属性 C が除かれていることに注意してほしい.

【R16】　リレーション「注文」とリレーション「注文明細」の自然結合を求める（注文番号が共通属性である）.

$$\text{OrderT}*\text{DetailT} = (\text{OrderT}[\text{OrderID}=\text{OrderID}]\text{DetailT})$$

$$[\text{OrderID, ODate, OCorpID, Item, Price, Qty}]$$

OrderID	ODate	OCorpID	Item	Price	Qty
16001	2021-04-15	A011	ハードディスク	50	1
16001	2021-04-15	A011	テーブルタップ	2	4
16001	2021-04-15	A011	ディスプレイ	45	2
16001	2021-04-15	A011	パソコン	100	2
16002	2021-05-11	B112	SDメモリカード	10	2
16002	2021-05-11	B112	ディジタルカメラ	30	1
16003	2021-05-17	A011	パソコン	90	3
16003	2021-05-17	A011	フィルター	6	2
16004	2021-06-23	A012	キャリアー	5	1
16004	2021-06-23	A012	ディスプレイ	40	3
16004	2021-06-23	A012	ノートパソコン	190	1
16004	2021-06-23	A012	バッテリー	9	1

（4）**任意の問合せ**　リレーショナル代数を組み合わせることによって，任意の問合せを記述することができる．いくつかの例を用いて任意の問合せを記述するリレーショナル代数表現を学ぶ．説明のために，段階をおって記述し，最後に一つの表現に記述するが，理解が進めば最初から最終の表現を記述してよい．

　ここでの学習は，任意の問合せをSQLで記述するときの考え方の基礎となるので，しっかり学んでほしい．そのため，多くのページ数をさいている．

【R17】　リレーション「**注文明細**」で注文番号が16001の商品名と価格を知りたい．

　① まず，リレーション「注文明細」で注文番号が16001の情報を求める（この結果リレーションをAとする）．

$A = \text{DetailT}[\text{OrderID}=16001]$

OrderID	Item	Price	Qty
16001	パソコン	100	2
16001	ハードディスク	50	1
16001	テーブルタップ	2	4
16001	ディスプレイ	45	2

　② Aにおいて商品名と価格を切り出す射影演算によって，求めたい情報が得られる．最終の結果リレーションをBとする．

$B = A[\text{Item, Price}]$

Item	Price
パソコン	100
ハードディスク	50
テーブルタップ	2
ディスプレイ	45

③ 最終の表現に中間の表現を代入したものが，求める表現である．

$B = (\mathrm{DetailT}[\mathrm{OrderID} = 16001])[\mathrm{Item,\ Price}]$

【R18】 リレーション「注文明細」で注文番号が 16001 であり，かつ価格が 50 以上の商品名と価格を知りたい．

① **R17** の ① と同じ演算を行う（この結果リレーションを A とする）．

$A = \mathrm{DetailT}[\mathrm{OrderID} = 16001]$

OrderID	Item	Price	Qty
16001	パソコン	100	2
16001	ハードディスク	50	1
16001	テーブルタップ	2	4
16001	ディスプレイ	45	2

② A において価格が 50 以上の情報を求める（この結果リレーションを B とする）．

$B = A[\mathrm{Price} \geqq 50]$

OrderID	Item	Price	Qty
16001	パソコン	100	2
16001	ハードディスク	50	1

③ B において商品名と価格を切り出す射影演算によって求めたい情報が得られる．最終の結果リレーションを C とする．

$C = B[\mathrm{Item,\ Price}]$

Item	Price
パソコン	100
ハードディスク	50

④ 最終の表現に中間の表現を代入したものが，求める表現である．

$C = (A[\mathrm{Price} \geqq 50])[\mathrm{Item,\ Price}]$

$\quad = ((\mathrm{DetailT}[\mathrm{OrderID} = 16001])[\mathrm{Price} \geqq 50])[\mathrm{Item,\ Price}]$

※ これは，つぎのような別の表現も可能である．

$C = ((\mathrm{DetailT}[\mathrm{OrderID} = 16001]) \cap (\mathrm{DetailT}[\mathrm{Price} \geqq 50]))[\mathrm{Item,\ Price}]$

$C = ((\mathrm{DetailT}[\mathrm{OrderID} = 16001])[\mathrm{Item,\ Price}])$

$\quad \cap ((\mathrm{DetailT}[\mathrm{Price} \geqq 50])[\mathrm{Item,\ Price}])$

このように，求めたいリレーションを導くリレーショナル代数表現は一つとは限らない．各自の考えやすい順序で表現を考えればよい．SQL においても，同様に複数の記述がある．

【R19】 リレーション「**注文明細**」で注文番号が 16001 または 16002 の商品名と価格を知りたい.

① **R17** の ① と同じ演算を行う（この結果リレーションを A とする）.

$A = \mathrm{DetailT}[\mathrm{OrderID} = 16001]$

OrderID	Item	Price	Qty
16001	パソコン	100	2
16001	ハードディスク	50	1
16001	テーブルタップ	2	4
16001	ディスプレイ	45	2

② 同様に，リレーション「**注文明細**」で注文番号が 16002 の情報を求める（この結果リレーションを B とする）.

$B = \mathrm{DetailT}[\mathrm{OrderID} = 16002]$

OrderID	Item	Price	Qty
16002	ディジタルカメラ	30	1
16002	SD メモリカード	10	2

③ 注文番号が 16001 または 16002 の情報は A と B の和集合により得られる（この結果リレーションを C とする）.

$C = A \cup B$

OrderID	Item	Price	Qty
16001	パソコン	100	2
16001	ハードディスク	50	1
16001	テーブルタップ	2	4
16001	ディスプレイ	45	2
16002	ディジタルカメラ	30	1
16002	SD メモリカード	10	2

④ C において商品名と価格を切り出す射影演算によって求めたい情報が得られる．最終の結果リレーションを D とする.

$D = C[\mathrm{Item}, \mathrm{Price}]$

Item	Price
パソコン	100
ハードディスク	50
テーブルタップ	2
ディスプレイ	45
ディジタルカメラ	30
SD メモリカード	10

⑤ 最終の表現に中間の表現を代入したものが，求める表現である．

$D = (A \cup B)$ [Item, Price]

$= ((\text{DetailT}[\text{OrderID} = 16001]) \cup (\text{DetailT}[\text{OrderID} = 16002]))$ [Item, Price]

【R20】 リレーション「**X 会員**」とリレーション「**Y 会員**」の両方において，**年齢が 30 歳以上の会員の会員 ID，名前，年齢を求める**．

① まず，リレーション「X 会員」とリレーション「Y 会員」の和集合を求める（この結果リレーションを A とする）．

$A = \text{XMemberT} \cup \text{YMemberT}$

MemberID	Name	Age	GName	GLeaderID
X001	横浜 優一	36	A	X003
X002	横須賀 浩	18	A	X003
X003	厚木 広光	26	A	X003
X004	川崎 一宏	31	B	X005
X005	秦野 義隆	42	B	X005
X006	鎌倉 雄介	22	B	X005
X007	逗子 哲	39	B	X005
S001	葉山 剛史	25	NULL	NULL
S002	三浦 智士	27	NULL	NULL
Y001	森里 拓夢	30	C	Y001
Y002	上荻野 亮	30	C	Y001

② A において，年齢が 30 歳以上の会員の情報を求める（この結果リレーションを B とする）．

$B = A[\text{Age} \geqq 30]$

MemberID	Name	Age	GName	GLeaderID
X001	横浜 優一	36	A	X003
X004	川崎 一宏	31	B	X005
X005	秦野 義隆	42	B	X005
X007	逗子 哲	39	B	X005
Y001	森里 拓夢	30	C	Y001
Y002	上荻野 亮	30	C	Y001

③ B において，会員 ID，名前，年齢を切り出す射影演算によって求めたい情報が得られる．最終の結果リレーションを C とする．

$C = B[\text{MemberID, Name, Age}]$

MemberID	Name	Age
X001	横浜 優一	36
X004	川崎 一宏	31
X005	秦野 義隆	42
X007	逗子 哲	39
Y001	森里 拓夢	30
Y002	上荻野 亮	30

④ 最終の表現に中間の表現を代入したものが,求める表現である.

$C = (A[\text{Age} \geq 30])[\text{MemberID, Name, Age}]$

$\quad = ((\text{XMemberT} \cup \text{YMemberT})[\text{Age} \geq 30])[\text{MemberID, Name, Age}]$

【R21】 リレーション「X会員」において,自分の家族に年上の人がいる会員の名前を求める.

① まず,リレーション「X会員」とリレーション「X家族」とを,会員ID (MemberID) を介して結合することにより各会員の家族の年齢がわかる(この結果リレーションを A とする).

$A = \text{XMemberT}[\text{MemberID} = \text{MemberID}]\text{XFamilyT}$

MemberID	Name	Age	MemberID	Name	Age
X001	横浜 優一	36	X001	横浜 理恵子	30
X001	横浜 優一	36	X001	横浜 くみ子	4
X002	横須賀 浩	18	X002	横須賀 圭佑	44
X002	横須賀 浩	18	X002	横須賀 美沙緒	42
X005	秦野 義隆	42	X005	秦野 真由美	40

※ 紙面の都合で XMemberT の GName, GLeaderID と XFamilyT の列 Relation を省略している.

② A において,左側の Age が本人の年齢であり,右側の Age が家族の年齢である.したがって,左側の Age<右側の Age の条件を満たすタプルが求める会員のデータである(この結果リレーションを B とする).ここで,右側とか左側というのは曖昧であるので属性名が重なっているときは,「リレーション名.属性名」のように「.」(ドット)で連結して表現する(これをドット表現と呼ぶ).

$B = A[\text{XMemberT.Age} < \text{XFamilyT.Age}]$

XMemberT.MemberID	XMemberT.Name	XMemberT.Age	XFamilyT.MemberID	XFamilyT.Name	XFamilyT.Age
X002	横須賀 浩	18	X002	横須賀 圭佑	44
X002	横須賀 浩	18	X002	横須賀 美沙緒	42

※ 紙面の都合で XMemberT の GName, GLeaderID と XFamilyT の列 Relation を省略している.

③ 最後に, B において会員の名前（XMemberT.Name）を切り出す射影演算によって求めたい情報が得られる. 最終の結果リレーションを C とする.

$C = B[\text{XMemberT.Name}]$

XMemberT.Name
横須賀 浩

④ 最終の表現に中間の表現を代入したものが, 求める表現である.

$C = (A[\text{XMemberT.Age} < \text{XFamilyT.Age}])[\text{XMemberT.Name}]$

$\quad = ((\text{XMemberT}[\text{MemberID} = \text{MemberID}]\text{XFamilyT})$

$\qquad [\text{XMemberT.Age} < \text{XFamilyT.Age}])[\text{XMemberT.Name}]$

【R22】　リレーション「X 会員」に, 各会員の所属するグループのリーダの名前と年齢を追加した情報を得る.

① まず, リレーション「X 会員」において, グループリーダの情報はグループリーダ ID 属性が示す会員 ID で表現されている. この情報からグループリーダの名前など求めるためには, 再度リレーション「X 会員」を使い, 会員 ID 属性から参照すればよい. これは, 一つのリレーション「X 会員」があたかも別々に二つ存在するとして, それらをグループリーダ ID と会員 ID を介して等結合することで実現できる（この結果リレーションを A とする）. このように同じリレーションを結合することを**自己結合（self-join）**という. 同じリレーションを 2 回使用するために, リレーション名, 属性名が重なり区別できなくなるので, 「リレーション名　別名」のように, スペースのつぎに別名（以下の例では L, R）を指定する. この別名を**相関名**という. これは, 相関名のリレーションに, もとのリレーションを代入して使用していると考えてもよい. その属性を特定する場合は「相関名.属性名」のように「.」（ドット）で連結して表現する（これをドット表現と呼ぶ）. 相関名は L, R とは限らず, X や Y など任意の文字列でよい.

$A = (\text{XMemberT} \quad \text{L}) [\text{L.GLeaderID} = \text{R.MemberID}] (\text{XMemberT} \quad \text{R})$

L.MemberID	L.Name	L.Age	L.GName	L.GLeaderID	R.Name	R.Age
X001	横浜 優一	36	A	X003	厚木 広光	26
X002	横須賀 浩	18	A	X003	厚木 広光	26
X003	厚木 広光	26	A	X003	厚木 広光	26
X004	川崎 一宏	31	B	X005	秦野 義隆	42
X005	秦野 義隆	42	B	X005	秦野 義隆	42
X006	鎌倉 雄介	22	B	X005	秦野 義隆	42
X007	逗子 哲	39	B	X005	秦野 義隆	42

※ 紙面の都合で R の MemberID, GName, GLeaderID を省略している.

② A において，L のすべての属性と R の名前と年齢を切り出す射影演算によっ
て求めたい情報が得られる．最終の結果リレーションを B とする.

$B = A[\text{L.MemberID, L.Name, L.Age, L.GName, L.GLeaderID, R.Name, R.Age}]$

L.MemberID	L.Name	L.Age	L.GName	L.GLeaderID	R.Name	R.Age
X001	横浜 優一	36	A	X003	厚木 広光	26
X002	横須賀 浩	18	A	X003	厚木 広光	26
X003	厚木 広光	26	A	X003	厚木 広光	26
X004	川崎 一宏	31	B	X005	秦野 義隆	42
X005	秦野 義隆	42	B	X005	秦野 義隆	42
X006	鎌倉 雄介	22	B	X005	秦野 義隆	42
X007	逗子 哲	39	B	X005	秦野 義隆	42

③ 最終の表現に中間の表現を代入したものが，求める表現である.

$B = ((\text{XMemberT} \quad \text{L}) [\text{L.GLeaderID} = \text{R.MemberID}] (\text{XMemberT} \quad \text{R}))$

$\qquad [\text{L.MemberID, L.Name, L.Age, L.GName, L.GLeaderID, R.Name, R.Age}]$

【R23】 リレーション「**X 会員**」において，**各グループのグループ名とグループ
リーダの名前と年齢を求める**.

① **R22** の ① と同様の演算を行う.

$A = (\text{XMemberT} \quad \text{L}) [\text{L.GLeaderID} = \text{R.MemberID}] (\text{XMemberT} \quad \text{R})$

L.MemberID	L.Name	L.Age	L.GName	L.GLeaderID	R.Name	R.Age
X001	横浜 優一	36	A	X003	厚木 広光	26
X002	横須賀 浩	18	A	X003	厚木 広光	26
X003	厚木 広光	26	A	X003	厚木 広光	26
X004	川崎 一宏	31	B	X005	秦野 義隆	42
X005	秦野 義隆	42	B	X005	秦野 義隆	42
X006	鎌倉 雄介	22	B	X005	秦野 義隆	42
X007	逗子 哲	39	B	X005	秦野 義隆	42

※ 紙面の都合で R の MemberID, GName, GLeaderID を省略している.

② A において，L のグループ名と R の名前と年齢を切り出す射影演算によって
　　求めたい情報が得られる．最終の結果リレーションを B とする．

$B = A$ [L.GName, R.Name, R.Age]

L.GName	R.Name	R.Age
A	厚木 広光	26
B	秦野 義隆	42

③ 最終の表現に中間の表現を代入したものが，求める表現である．

$B = ((\text{XMemberT}\quad L)[\text{L.GLeaderID} = \text{R.MemberID}](\text{XMemberT}\quad R))$
　　$[\text{L.GName, R.Name, R.Age}]$

※ これは **R8** の結果を用いてつぎのようにも求められる．このように発想を変
　　えれば簡単に求められることもある．

① リレーション「X 会員」でグループリーダをやっている会員を求める（この
　　結果リレーションを A とする）．

$A = \text{XMemberT}[\text{MemberID} = \text{GLeaderID}]$

MemberID	Name	Age	GName	GLeaderID
X003	厚木 広光	26	A	X003
X005	秦野 義隆	42	B	X005

② A において，グループ名，名前と年齢を切り出す射影演算によって求めたい
　　情報が得られる．最終の結果リレーションを B とする．

$B = A[\text{GName, Name, Age}]$

GName	Name	Age
A	厚木 広光	26
B	秦野 義隆	42

③ 最終の表現に中間の表現を代入したものが，求める表現である．

$B = (\text{XMemberT}[\text{MemberID} = \text{GLeaderID}])[\text{GName, Name, Age}]$

【R24】　リレーション「**X 会員**」において，自分の所属するグループのリーダより
　　　　年齢の若い会員の名前と年齢およびリーダの名前と年齢を求める．

① **R22** の ① と同様の演算を行う．

$A = (\text{XMemberT}\quad L)[\text{L.GLeaderID} = \text{R.MemberID}](\text{XMemberT}\quad R)$

L.MemberID	L.Name	L.Age	L.GName	L.GLeaderID	R.Name	R.Age
X001	横浜 優一	36	A	X003	厚木 広光	26
X002	横須賀 浩	18	A	X003	厚木 広光	26
X003	厚木 広光	26	A	X003	厚木 広光	26
X004	川崎 一宏	31	B	X005	秦野 義隆	42
X005	秦野 義隆	42	B	X005	秦野 義隆	42
X006	鎌倉 雄介	22	B	X005	秦野 義隆	42
X007	逗子 哲	39	B	X005	秦野 義隆	42

※ 紙面の都合で R の MemberID, GName, GLeaderID を省略している.

② A において，L.Age が R.Age より小さい会員の情報が対象となる（この結果
リレーションを B とする）.

$B = A[\text{L.Age} < \text{R.Age}]$

L.MemberID	L.Name	L.Age	L.GName	L.GLeaderID	R.Name	R.Age
X002	横須賀 浩	18	A	X003	厚木 広光	26
X004	川崎 一宏	31	B	X005	秦野 義隆	42
X006	鎌倉 雄介	22	B	X005	秦野 義隆	42
X007	逗子 哲	39	B	X005	秦野 義隆	42

※ 紙面の都合で R の MemberID, GName, GLeaderID を省略している.

③ 最後に，B において L の名前と年齢を切り出す射影演算によって求めたい情
報が得られる．最終の結果リレーションを C とする.

$C = B[\text{L.Name, L.Age, R.Name, R.Age}]$

L.Name	L.Age	R.Name	R.Age
横須賀 浩	18	厚木 広光	26
川崎 一宏	31	秦野 義隆	42
鎌倉 雄介	22	秦野 義隆	42
逗子 哲	39	秦野 義隆	42

④ 最終の表現に中間の表現を代入したものが，求める表現である.

$C = (A\ [\text{L.Age} < \text{R.Age}])[\text{L.Name, L.Age, R.Name, R.Age}]$

$\quad = (((\text{XMemberT}\quad \text{L})[\text{L.GLeaderID} = \text{R.MemberID}](\text{XMemberT}\quad \text{R}))$

$\quad\quad [\text{L.Age} < \text{R.Age}])[\text{L.Name, L.Age, R.Name, R.Age}]$

　ここまで述べたように，リレーショナル代数表現では，リレーショナル代数の演
算結果（リレーション）をつぎのリレーショナル代数の入力とする入れ子構造を用
いることで，ユーザが実行したい任意の複雑な問合せを単純な8種のリレーショナ
ル代数の組合せで実現している.

3

データベース設計

　データベースにデータを格納するための枠組みをスキーマという．データベースが使いやすいかどうかはスキーマによって決まる．そのスキーマを決めていく過程をデータベース設計という．

　データベースを使用するアプリケーションの詳細設計は，スキーマが決まっていて初めて行える．さらに，データを格納した後で，スキーマを変更するのは大変な作業となる．このため，データベース設計はシステム開発の初期に行うきわめて重要な作業である．

　データベースの設計においては，まず3層スキーマモデルにおける概念スキーマを決めることが重要であり，これを**論理設計**という．これに対して，内部スキーマを決めることを**物理設計**という．本章では論理設計を学ぶ．

3.1　概　　　要

　よく設計されたデータベースでは，スキーマが理解しやすく，またデータベースを更新するときにデータ内容に矛盾が生じにくいようになっている．そのためには対象実世界を簡潔に表現するとともに，矛盾の原因となりやすい情報の重複を避けることが重要である．つまり，1章で述べたつぎの言葉が重要なキーワードである．

　　　　One fact in one place.

　データベース設計には，**図3.1**に示すように二つのアプローチがある．

　第1のアプローチは対象実世界のモデル化がまったく行われていない状態から，データベース設計を行う場合に採られる．この場合は，まず対象実世界を分析して記述するためにデータベース設計専用のモデルが使用される．このようなデータモデルとしては**実体関連モデル**（**Entity-Relationship model**：**ER モデル**）が代表的である．この ER モデルで設計した結果を**概念モデル**（**conceptual model**）という．つぎに，データベース管理システム（DBMS）に格納するために，リレーショナルモデルなどのデータモデルに変換したものを**論理モデル**（**logical model**）という．つまり，このアプローチでは概念モデルの設計（**概念設計**），論理モデルの設計（**論理設計**）の2段階で行う．この論理モデルが，3層スキーマモデルの概

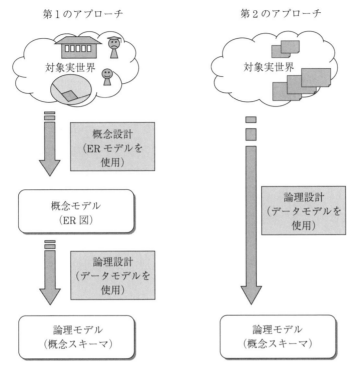

第1のアプローチ　　　　　　　　　第2のアプローチ

図3.1　データベース設計の二つのアプローチ

念スキーマに相当する[†].

　第2のアプローチはデータベースに格納する項目などがほぼ明らかにされている場合，すなわち対象実世界がある程度モデル化されている場合に採られる．この場合はリレーショナルモデルなどのデータモデルを用いて論理モデルを設計する．

3.2　第1のアプローチによる設計

3.2.1　実体関連モデル

　実体関連モデル（ER モデル）を用いた設計では，対象実世界を観察し実世界を構成する要素を見つけ出し，それらを**実体**（**entity**）と実体間の**関連**（**relationship**）で表現する．実体と関連を図式化したものを**実体関連図**（**Entity-Relationship diagram**：**ER 図**あるいは **ER ダイアグラム**）という．ER 図は最初から完成図が描けるものではなく，試行錯誤しながら描いていくものである．この ER 図が ER モデルで設計した結果の概念モデルである．

　実体とは，対象実世界で，他と区別して認識できるものである．例えば，大学，

---

　†　○○スキーマ／○○設計／○○モデルで，○○に入る言葉が重なっているが，内容は異なるので注意してほしい．

学科，学生，教員，授業科目，サークルなどである．物理的な物として存在しない授業科目やサークルも実体となることに注意してほしい．

関連とは，二つの実体の間の関係を表すものである．例えば学科と学生との間には「所属」という関連があり，学生と授業科目との間には「履修」という関連がある．個々の実体をひっくるめて抽象的に認識したものを**実体型**（**entity type**）という．学生のAさん，Bさんは実体であり，総体としての「学生」が実体型である．関連も同様であり，Aさんがデータベースを受講しているととらえるのではなく，「学生が授業科目を履修している」と認識したものを**関連型**（**relationship type**）という．

実体型は，個々の実体の性質，特徴を表す**属性**（**attribute**）を持つ．例えば，学生には氏名，学科，学年，住所などがある．何を属性として選ぶかは，モデル化の目的に依存する．同じ実体型の中で個々の実体を唯一識別できる極小の属性集合を**キー**（**key**）という．もちろん単一の属性でもよい．

また，関連型にも属性がある．例えば，学生のある科目ごとの成績（S, A, B, C, D）は学生の属性ではなく，関連型「履修」の属性になる．一方，総合成績のGPA（Grade Point Average）は学生の属性になる．

3.2.2　概念モデルの設計

ここでは，簡単な例を用いてER図を描いてみる．**図3.2**はある大学のサークル活動に関するイメージ図である．これを対象実世界として，データモデリングする．まず，対象実世界の観察とヒアリングから，つぎのモデリング上の要件が得られたとする（実際には，図3.2があって以下を記述したのではなく，あくまでも実世界を観察・ヒアリングして得られたことに注意してほしい．図3.2があるということは，ある程度モデル化されていることになる）．

① 複数のサークルがあり，サークルには名称がある．

② サークルには複数の学生が所属している．

③ 複数のサークルに所属している学生もいる．また，どこにも所属していない学生もいる．

④ サークルごとに役職を持った学生がいる．ただし，学生の役職は一つである．

⑤ サークルには必ず教員の顧問が1名いる．

⑥ 複数のサークルの顧問をしている教員もいる．また，どこの顧問もしていない教員もいる．

⑦ サークルは部室を一つ持っている．

⑧ サークルは練習場所を一つ持っているか，持っていない．

⑨ 会報を発行しているサークルもある．

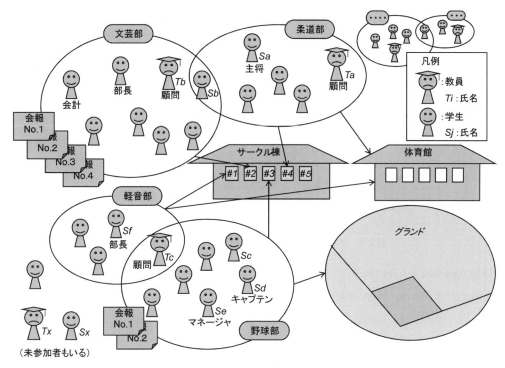

図3.2 サークル活動のイメージ図（対象実世界の例）

⑩ 会報には発行番号がついており，何らかの内容がある．

図3.2には表示されていないが，大学としてつぎの前提があり，これもモデリングに反映する．

（前提1）学生は一つの学科に属し，学年があり，住所がある．

（前提2）教員は一つの学科に属し，職位があり，住所がある．

前記の要件で，何かが「一つ」か「複数」かということは，モデリングにおいて重要なポイントである．

モデリング結果のER図の一例を**図3.3**に示す．正しいER図は必ずしも一通りではない．本モデリングでは，実体型として，「サークル」，「学生」，「教員」，「会報」を採り上げた．ER図において，キーとなる属性にアンダーラインをつけて明示する（同姓同名の学生がいる場合は，氏名は学生のキーにならず学籍番号がキーとなるが，ここでは簡単のためにこのようにしている）．

「会報」は発行の番号がキーとなるが，複数のサークルで会報を発行しているので，この番号だけでは完全に識別できない．サークルの名称と組にして初めて識別できる．このように，実体型の中には，自分のキーだけでは他と完全に区別できないものがある．このような，実体型のキーとして他の実体型のキーを含むものを**弱実体型**（**weak entity type**）という．この場合のサークルのような実体型を**所有**

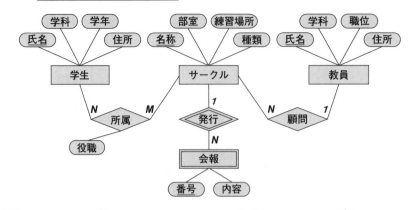

図3.3 サークル活動の ER 図（概念モデル）

実体型（**owner entity type**）という．また，それらの間の関連型を**識別関連型**（**identifying relationship type**）という．ER 図では，弱実体型と識別関連型は二重線の図を使用する．弱実体型でない実体型を**正実体型**（**regular entity type**），識別関連型でない関連型を**正関連型**（**regular relationship type**）という．

　関連型には，**多対多**，**1 対多**があり，ER 図ではひし形の両側に，N—M，1—N のように表示する．多対多の関連型は，「学生は複数のサークルに所属できるし，サークルには多数の学生が所属できる」というような関連を表す．1 対多の関連型は，「サークルの顧問は一人の教員であり，教員は複数のサークルの顧問をできる」というような関連を表す．関連の向きを替えれば，**多対1**ともいえる．この他に，**1 対 1** の関連型があり得るが，最初に挙げた実体の間の関連が 1 対 1 であることがわかったら，一方は他方の属性とすればよいので，最終的な ER 図ではなくなる．

　この多対多の関連型をしっかり認識することが，モデリングにおける重要なポイントである．

3.2.3　論理モデルの設計

　リレーショナルデータベースに格納するためには，リレーションスキーマに変換する必要がある．これを論理モデルの設計（論理設計）という．しかし，この変換はほぼ機械的に行えるので，概念モデルの設計（概念設計）で重要な設計作業は終わっているといえる．

　実体型と関連型をリレーションに置き換える．その際，属性の名前は重複を避けて適宜変更する．

　① 正実体型：実体名をリレーション名にし，属性を属性名としたリレーションにする．キーを主キーにする．

・学生（<u>氏名</u>, 学科, 学年, 住所）

・教員（<u>氏名</u>, 学科, 職位, 住所）

・サークル（<u>名称</u>, 部室, 練習場所, 種類）

② 弱実体型：実体名をリレーション名にし，属性を属性名とし，さらに所有実体型のキーを属性に加えたリレーションにする．所有実体型のキーと自分のキーとの集合を主キー（複合主キー）にする．

・会報（<u>サークル名称</u>, <u>発行番号</u>, 内容）

③ 正関連型：多対多と1対多で扱いが異なる．

　ⅰ）　多対多：関連名をリレーション名にし，属性を属性名とし，さらに両側の実体型のキーを属性名に加えたリレーションにする．両側の実体型のキーの集合を主キー（複合主キー）にする．

　　　・所属（<u>サークル名称</u>, <u>学生氏名</u>, 役職）

　ⅱ）　1対多：前記と同様にしてもよいので，その例を示す．

　　　・顧問（<u>サークル</u>, 教員氏名）

しかし，1対多の関連型は必ずしもリレーションにする必要はなく，「多」側のリレーションに属性名を追加すればよい．前記のリレーション「顧問」を廃止し，つぎのようにリレーション「サークル」に属性名「顧問氏名」を追加する．

　　　・サークル（<u>名称</u>, 部室, 練習場所, 種類, 顧問氏名）

④ 識別関連型：弱実体型をリレーションに置き換えたことで情報はすべて反映されているので，置き換えは不要となる．

最終的に得られたスキーマを**図3.4**に示す．矢印は外部キーとその参照先を表している．

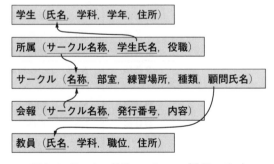

図3.4 サークル活動のスキーマ（論理モデル）

得られたリレーションが第3正規形でなければ，正規化する必要があるが，このリレーションは第3正規形になっている．

ここで，つぎのポイントをしっかり理解してほしい．

① 学生は必ず1学科に属する．一方，学生は複数のサークルに属してもよいし，

まったく属さなくてもよい. この二つの属し方の違いがどのように表現され
ているか?

② 教員は複数のサークルの顧問をしてもよいし, まったくしなくてもよい. こ
れは, ① の学生のサークルへの属し方と同じであるのに, なぜ表現方法が異
なるのか?

このスキーマに一部のデータを格納した例を**図 3.5** に示す.

学生

氏名	学科	学年	住所
Sa	情報	4	横浜‥
Sb	情報	2	厚木‥
Sc	機械	1	東京‥
Sd	機械	4	厚木‥
Se	電気	3	横浜‥
Sf	電気	4	海老名‥
‥	‥‥	‥‥	‥‥‥
Sx	化学	1	秦野‥

サークル

名称	部室	練習場所	種類	顧問氏名
柔道部	4号室	体育館	体育系	Ta
野球部	3号室	グランド	体育系	Tc
‥‥	‥‥	‥‥	‥‥	‥‥
文芸部	2号室	NULL	文化系	Tb
軽音部	1号室	体育館	文化系	Tc
‥‥	‥‥	‥‥	‥‥	‥‥

教員

氏名	学科	職位	住所
Ta	情報	教授	横浜‥
Tb	機械	准教授	厚木‥
Tc	電気	教授	東京‥
‥	‥‥	‥‥	‥‥‥
Tx	機械	助教	海老名‥

所属

サークル名称	学生氏名	役職
柔道部	Sa	主将
柔道部	Sb	NULL
柔道部	‥	‥‥
‥‥	‥‥	‥‥
文芸部	Sb	NULL
文芸部	‥	‥‥
‥‥	‥‥	‥‥
野球部	Sc	NULL
野球部	Sd	キャプテン
野球部	Se	マネージャ
野球部	‥	‥‥
‥‥	‥‥	‥‥
軽音部	Sf	部長
軽音部	‥	‥‥
‥‥	‥‥	‥‥

会報

サークル名称	発行番号	内容
文芸部	No.1	新入部員歓迎
文芸部	No.2	小説特集
文芸部	No.3	随筆特集
文芸部	No.4	小説特集
‥‥	‥‥	‥‥‥
野球部	No.1	勧誘
野球部	No.2	春期リーグ戦
‥‥	‥‥	‥‥‥

図 3.5 サークル活動のリレーション (一部分)

3.3 第2のアプローチによる設計

ここでは, ある大学の研究室で教育機器の発注の記録を, **図 3.6** に示した手書き

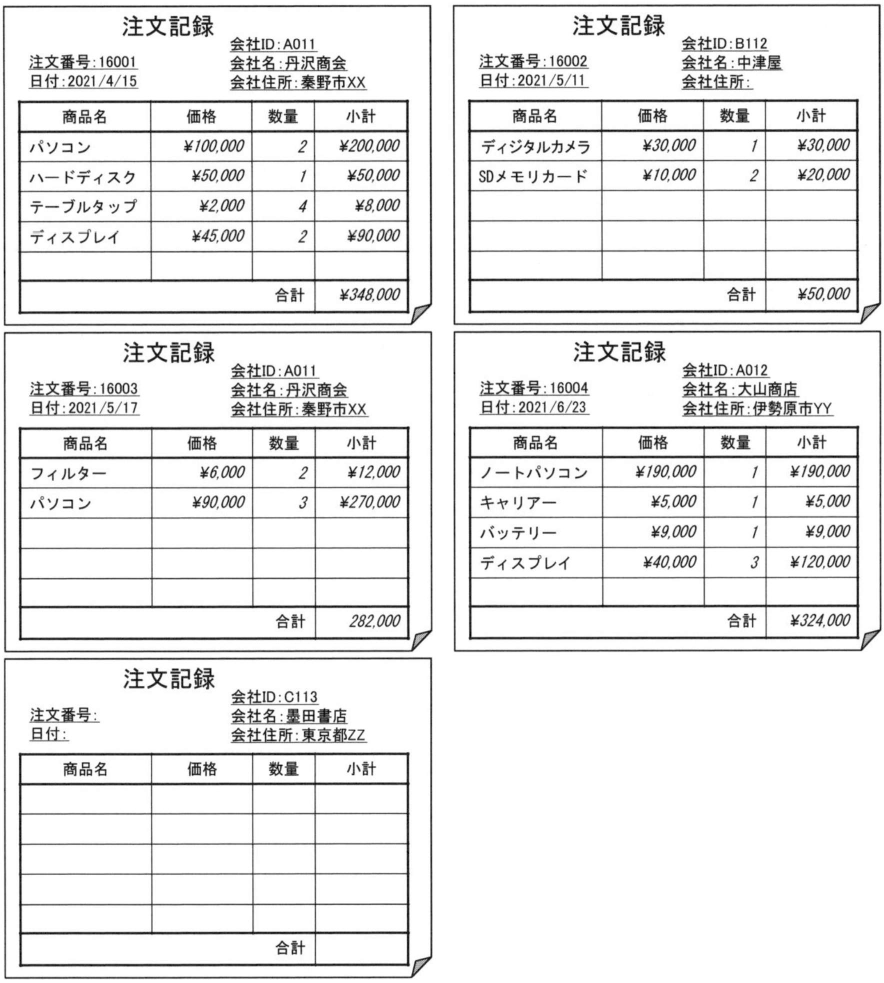

注文記録

注文番号:16001　会社ID:A011
日付:2021/4/15　会社名:丹沢商会
会社住所:秦野市XX

商品名	価格	数量	小計
パソコン	¥100,000	2	¥200,000
ハードディスク	¥50,000	1	¥50,000
テーブルタップ	¥2,000	4	¥8,000
ディスプレイ	¥45,000	2	¥90,000
		合計	¥348,000

注文記録

注文番号:16002　会社ID:B112
日付:2021/5/11　会社名:中津屋
会社住所:

商品名	価格	数量	小計
ディジタルカメラ	¥30,000	1	¥30,000
SDメモリカード	¥10,000	2	¥20,000
		合計	¥50,000

注文記録

注文番号:16003　会社ID:A011
日付:2021/5/17　会社名:丹沢商会
会社住所:秦野市XX

商品名	価格	数量	小計
フィルター	¥6,000	2	¥12,000
パソコン	¥90,000	3	¥270,000
		合計	282,000

注文記録

注文番号:16004　会社ID:A012
日付:2021/6/23　会社名:大山商店
会社住所:伊勢原市YY

商品名	価格	数量	小計
ノートパソコン	¥190,000	1	¥190,000
キャリアー	¥5,000	1	¥5,000
バッテリー	¥9,000	1	¥9,000
ディスプレイ	¥40,000	3	¥120,000
		合計	¥324,000

注文記録

注文番号:　会社ID:C113
日付:　会社名:墨田書店
会社住所:東京都ZZ

商品名	価格	数量	小計
		合計	

図3.6　注文記録

の「注文記録」で管理していたものをデータベース化することを例としてデータベース設計の過程を説明する．この記録用紙があるということは，データベースに格納する項目がある程度明らかであり，対象実世界がある程度モデル化されていることになり第2のアプローチが採れる．なお，この「注文記録」用紙には，まだ発注していない会社宛の用紙もあり，この情報もデータベースに記録できるようにする．

3.3.1　情報の整理

データベース設計の第一歩は，目的に応じた必要な情報の取捨選択である．まず，注文記録を一覧表にする．これが**図3.7**である．

注文記録を見ると，価格の単位を「千円」にしてもよいことがわかるので，一覧表においては価格の単位は「千円」とした（実際には，このようなことはないかも

注文番号	日付	会社 ID	会社名	会社住所	商品名	価格	数量	小計	合計
16001	2021-04-15	A011	丹沢商会	秦野市 XX	パソコン	100	2	200	348
					ハードディスク	50	1	50	
					テーブルタップ	2	4	8	
					ディスプレイ	45	2	90	
16002	2021-05-11	B112	中津屋		ディジタルカメラ	30	1	30	50
					SD メモリカード	10	2	20	
16003	2021-05-17	A011	丹沢商会	秦野市 XX	フィルター	6	2	12	282
					パソコン	90	3	270	
16004	2021-06-23	A012	大山商店	伊勢原市 YY	ノートパソコン	190	1	190	324
					キャリアー	5	1	5	
					バッテリー	9	1	9	
					ディスプレイ	40	3	120	
		C113	墨田書店	東京都 ZZ					

図 3.7　注文記録一覧（非第 1 正規形）

しれないが，ここでは対象実世界のモデリングの結果，このようにしたことにする）．

　また，データベースに記録するときには，計算すればわかるような情報（導出項目という）は **One fact in one place**. の原則に従って保存しない（必要であれば，出力時に計算して提示すればよい）．図 3.7 の例では，小計や合計は正規化したリレーションでは属性とはしない．

　図 3.7 で注意する点は，最下段にある「墨田書店」の情報である．この会社へは，まだ注文していないが，取引先として住所などの情報は保存できるように設計する．

3.3.2　正　規　化

　情報の重複のないリレーションを**正規形**（**normal form**）といい，正規形のリレーションに変換することを**正規化**（**normalization**）という．この正規化がデータベース設計において最も重要である．

（**1**）　**第 1 正規形**　　図 3.7 の形は，書類に書いたり，スプレッドシートに記録したりすることはできるが，リレーショナルデータベースに格納できない．それは，1 タプルの中に複数の値（集合）を持つ属性があるからである．注文番号16001 のタプルの，商品名の属性は四つの値を持っている．このような形式を**非第1 正規形**（**non-first normal form**：$(NF)^2$）という．

　正規化の第一歩は，各属性値が**単純**（**simple**）**な値**である**第 1 正規形**（**first normal form**：1 NF）にすることである（2.2.4 項参照）．このようにして作成した第 1 正規形を**図 3.8** に示す．導出項目は除いてある．

注文記録一覧

注文番号	日付	会社ID	会社名	会社住所	商品名	価格	数量
16001	2021-04-15	A011	丹沢商会	秦野市XX	パソコン	100	2
16001	2021-04-15	A011	丹沢商会	秦野市XX	ハードディスク	50	1
16001	2021-04-15	A011	丹沢商会	秦野市XX	テーブルタップ	2	4
16001	2021-04-15	A011	丹沢商会	秦野市XX	ディスプレイ	45	2
16002	2021-05-11	B112	中津屋		ディジタルカメラ	30	1
16002	2021-05-11	B112	中津屋		SDメモリカード	10	2
16003	2021-05-17	A011	丹沢商会	秦野市XX	フィルター	6	2
16003	2021-05-17	A011	丹沢商会	秦野市XX	パソコン	90	3
16004	2021-06-23	A012	大山商店	伊勢原市YY	ノートパソコン	190	1
16004	2021-06-23	A012	大山商店	伊勢原市YY	キャリアー	5	1
16004	2021-06-23	A012	大山商店	伊勢原市YY	バッテリー	9	1
16004	2021-06-23	A012	大山商店	伊勢原市YY	ディスプレイ	40	3
		C113	墨田書店	東京都ZZ			

図3.8 第1正規形となった注文記録一覧

【定義】 リレーションの各属性値が単純な値のみの場合，そのリレーションは第1正規形である．

　第1正規形に変換するとデータベースに格納できるが，このままでは，まだ種々の不都合がある．その不都合を検討する．

　リレーションのデータを変更したりするときに，ある1タプルを特定したいことがある．リレーション中の1タプルを特定できる属性，すなわち重複のない属性を**候補キー**という．候補キーが複数あるときに，その中の一つを主キーとして選定するのはデータベース設計者である（2.3.3項参照）．主キー以外の属性を**非キー属性**という．主キーは1属性であるとは限らず複数の属性の集合の場合もある，その場合は**複合主キー**という．図3.8では，注文番号と商品名の組が主キーとなる．主キーである属性は下線によって示す．ここで，「墨田書店」のデータには主キーの値がないことに注意してほしい．値が存在しないことを**ナル**（**null**）という．主キーの値がナルではそのタプルを特定できないので，主キーの値はナルにしてはいけないことになっている．これを**主キー制約**という．このため，「墨田書店」のデータはこのリレーショナルに格納できない．これを**挿入時不整合**という．

　つぎに，注文の日付が間違っていて変更したいときには，複数のタプルの変更が必要になる．これを**変更時不整合**という．

　さらに，例えば，「6月23日」の注文がキャンセルになって，これらのタプルを削除すると，「大山商店」の住所などの情報がすべて失われる．これを**削除時不整**

合という.

この三つの不整合をあわせて**更新時不整合**という. つまり, 第1正規形では更新によって情報が失われるという重大な更新時不整合が発生する可能性がある.

その原因を排除するためには, リレーション中の属性と属性との関係を調べ, 属性間の不都合な関係を断ち切る必要がある.

ある属性Aと他の属性Bにおいて, Aの値を決めるとBの値が一つ決まる関係になっているとき, BはAに**関数従属**（**functional depend**）するという. あるいは, AとBの間に**関数従属性**（**functional dependency**）があるという. 簡単にいえば, BはAに依存する関係にあることをいう. これを

$$A \rightarrow B$$

と記述する. この矢印の左側, ここではAを**決定項**（**determinant**）といい, 矢印の右側, ここではBを**従属項**（**resultant**）という.

非キー属性は主キーに関数従属している.

ここで, AやBは複数の属性の集合の場合もある. 例えば, $\{A_1, A_2\} \rightarrow B$のようなこともある. 図3.8のリレーションの主キーは2属性であるから, 前記に該当している.

ここで, $\{A_1, A_2\}$の真部分集合の属性A_1またはA_2と属性Bの間に関数従属性が成り立たない場合, $\{A_1, A_2\} \rightarrow B$は**完全関数従属**（**fully functional depend**）するという. 1属性の場合は, 無条件に完全関数従属である. 完全関数従属でない関数従属を**部分関数従属**（**partially functional depend**）という. すなわち, 主キーの一部に関数従属する場合は, 部分関数従属である.

図3.8の注文記録一覧では, つぎのようになっている.

　　　　　$\{$注文番号, 商品名$\} \rightarrow$ 価格, $\{$注文番号, 商品名$\} \rightarrow$ 数量　　　：完全関数従属
　　　　　$\{$注文番号, 商品名$\} \rightarrow$ 日付, $\{$注文番号, 商品名$\} \rightarrow$ 会社ID　：部分関数従属
　　　　　$\{$注文番号, 商品名$\} \rightarrow$ 会社名, $\{$注文番号, 商品名$\} \rightarrow$ 会社住所

　　　　　　　　　　　　　　　　　　　　　　　　　　　　　：部分関数従属
　　　　　注文番号 $\rightarrow$ 日付, 注文番号 $\rightarrow$ 会社ID　　　　　　　：完全関数従属
　　　　　注文番号 $\rightarrow$ 会社名, 注文番号 $\rightarrow$ 会社住所　　　　　：完全関数従属

主キー（この例では$\{$注文番号, 商品名$\}$）に部分関数従属な非キー属性があると, その非キー属性に関する更新を行う場合に不整合が発生する可能性がある.

つまり, 部分関数従属性は属性間の不都合な関係である. それを断ち切ったリレーションがつぎに説明する第2正規形である.

（2）　第2正規形　　第2正規形（**second normal form：2 NF**）にするには, （複数属性からなる）主キーに部分関数従属する非キー属性（簡単にいえば, 主キーの一部だけに依存する非キー属性）があれば, それを別のリレーションとして

独立させる（**図3.9**参照）．ここで独立化したリレーションの主キー「注文番号」
は残ったリレーションの主キーの一部でもあるので，両方のリレーションに存在す
ることに注意してほしい．このようにして作成した第2正規形を**図3.10**に示す．

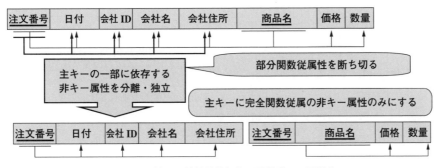

図3.9　属性の関数従属性と第2正規形への正規化

注文

注文番号	日付	会社ID	会社名	会社住所
16001	2021-04-15	A011	丹沢商会	秦野市XX
16002	2021-05-11	B112	中津屋	
16003	2021-05-17	A011	丹沢商会	秦野市XX
16004	2021-06-23	A012	大山商店	伊勢原市YY
		C113	墨田書店	東京都ZZ

注文明細

注文番号	商品名	価格	数量
16001	パソコン	100	2
16001	ハードディスク	50	1
16001	テーブルタップ	2	4
16001	ディスプレイ	45	2
16002	ディジタルカメラ	30	1
16002	SDメモリカード	10	2
16003	フィルター	6	2
16003	パソコン	90	3
16004	ノートパソコン	190	1
16004	キャリアー	5	1
16004	バッテリー	9	1
16004	ディスプレイ	40	3

外部キーと参照先の主キー（自然結合の属性）

図3.10　第2正規形となった注文記録一覧

【定義】　リレーションが第1正規形で，かつ，すべての非キー属性が主キーに対し
て完全関数従属するとき，そのリレーションは第2正規形である．

【第2正規化処理】　リレーション $R(\underline{A}, \underline{B}, C, D)$ において，$\{A, B\} \to C$，$\{A, B\} \to D$，$B \to D$ であるとき，リレーション R をリレーション $R_1(\underline{A}, \underline{B}, C)$ とリ
レーション $R_2(\underline{B}, D)$ に分解すると第2正規形となる．

　第2正規形でもまだ更新時不整合が生じる可能性がある．リレーション「注文」
において，先に説明した挿入時不整合と削除時不整合が残っている．

リレーション「注文」の属性の関数従属性を見直してみると，つぎのことがわかる．

注文番号 → 日付，注文番号 → 会社 ID，

注文番号 → 会社名，注文番号 → 会社住所，

会社 ID → 会社名，会社 ID → 会社住所

つまり，注文番号 → 会社 ID → 会社名，注文番号 → 会社 ID → 会社住所，となっている．このようなとき，会社名と会社住所は注文番号に**推移的関数従属**（**transitive functional depend**）するという．

これは別の見方をすれば，リレーション「注文」には注文の情報の他に会社の情報を保持しているといえる．このために，更新時不整合の可能性がある．

つまり，推移的関数従属性も属性間の不都合な関係である．それを断ち切ったリレーションがつぎに説明する第 3 正規形である．

（3）第 3 正規形　第 3 正規形（**third normal form**：**3 NF**）にするには，主キーに推移的関数従属している非キー属性（簡単にいえば，主キー以外の属性に依存している属性）があれば，それを別のリレーションとして独立させる（**図 3.11**参照）．ここで推移的関数従属の中間の属性「会社 ID」は両方のリレーションに存在することに注意してほしい．このようにして作成した第 3 正規形を**図 3.12**に示す．

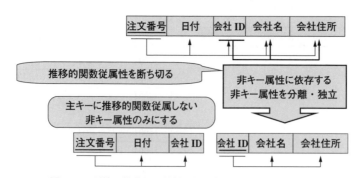

図 3.11　属性の推移的関数従属性と第 3 正規形への正規化

【定義】　リレーションが第 2 正規形で，かつ，リレーションに非キー属性があるならば，それらすべてが主キーに非推移的に関数従属するとき，そのリレーションは第 3 正規形である．

【第 3 正規化処理】　リレーション $R(\underline{A}, B, C)$ において，$A \rightarrow B$，$A \rightarrow C$，$B \rightarrow C$ であるとき，リレーション R をリレーション $R_1(\underline{A}, B)$ とリレーション $R_2(\underline{B}, C)$ に分解すると第 3 正規形となる．

リレーション内に部分関数従属性や推移的関数従属性があるということは，リレーション内に複数の情報が混在していることを意味している．それが更新時不整

注文

注文番号	日付	会社ID
16001	2021-04-15	A011
16002	2021-05-11	B112
16003	2021-05-17	A011
16004	2021-06-23	A012

会社

会社ID	会社名	会社住所
A011	丹沢商会	秦野市 XX
A012	大山商店	伊勢原市 YY
B112	中津屋	
C113	墨田書店	東京都 ZZ

注文明細

注文番号	商品名	価格	数量
16001	パソコン	100	2
16001	ハードディスク	50	1
16001	テーブルタップ	2	4
16001	ディスプレイ	45	2
16002	ディジタルカメラ	30	1
16002	SD メモリカード	10	2
16003	フィルター	6	2
16003	パソコン	90	3
16004	ノートパソコン	190	1
16004	キャリアー	5	1
16004	バッテリー	9	1
16004	ディスプレイ	40	3

外部キーと参照先の主キー（自然結合の属性）

図 3.12 第 3 正規形となった注文記録一覧

合を引き起こしている.

第 3 正規形では，各リレーションは一つの情報のみを記録しており，更新時不整合は発生しない．この正規形になって，「墨田書店」のデータが格納できた．

このように「第 3 正規形では各リレーションは**一つの情報だけを記録**している」ことをつぎのように表すことができる.

One fact in one place.　（**One fact in one relation.**）

この言葉の本来の解釈は 1 章で述べた．ここでの解釈としてつぎのように強調して表現する.

Only one fact in one relation.

（一つのリレーションには一つの事実だけを記録）

1 章の強調形は，**One fact in Only one place.**（**一つの事実は一つの場所だけに記録**）である．どちらの解釈も，リレーショナルデータベースでは必要な要件である.

第 3 正規形までの正規化方法を**図 3.13** にまとめる.

第 3 正規形までの正規化において，必ずしも第 2 正規形を経由するとは限らない．また，簡単なリレーションでは第 1 正規形に変換したら，すでに第 3 正規形になっている場合もある．要するに，リレーション中に部分関数従属性と推移的関数従属性がなければ第 3 正規形である.

さらに高位の正規形もあるが，実際のデータベース設計では第 3 正規形までの正規化で十分である．しかし，第 3 正規形の条件を満たしていても，まれに問題が生じることがある．その問題を解決するために，ボイス・コッド正規形，第 4 正規

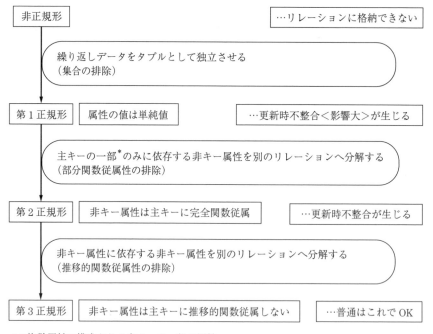

図 3.13   第 3 正規形までの正規化方法のまとめ

形，第 5 正規形が考案されている．これについては，3.3.4 項で説明する．

3.3.3 情報無損失分解

図 3.10（第 2 正規形）において，リレーション「注文」の主キーは注文番号であり，リレーション「注文明細」の主キーは{注文番号，商品名}である．注文番号という属性は二つのリレーションに存在する．このようなときに，それぞれを明確に表すために，リレーション名と属性名をドット「.」でつなぐ，「リレーション名.属性名」という記法を用いる．「注文明細.注文番号」の値は，必ず「注文.注文番号」の中にある．なぜなら，リレーション「注文明細」の各タプルは存在している注文の明細情報である．このようなとき，「注文明細.注文番号」をリレーション「注文明細」の**外部キー**という．そして，参照先の「注文.注文番号」を**参照キー**という．これらの用語を使用すると，「外部キーの値は，参照キーの値のいずれかと同じ値である」．これを**外部キー制約**または**参照整合性制約**という（2.3.4項（2）参照）．この場合の参照キーはリレーション「注文」の主キーである．そして，外部キーと参照先の主キーを比較して，同じ値を持つタプルどうしを連結すると，もとの第 1 正規形のリレーションに戻る．このように連結する演算を**結合演算**（2.5.3 項（7）参照），詳しくは**自然結合**（2.5.4 項（3）参照）という．自然結合によって，もとのリレーションに戻るという意味で，第 2 正規形へのリレー

ションの分解を**情報無損失分解**（**information lossless decomposition**）という．

　また，図3.12（第3正規形）において，「注文.会社ID」は外部キーであり，その参照キーは，リレーション「会社」の主キーである「会社.会社ID」である．これらの属性によって，リレーション「注文」とリレーション「会社」とを自然結合すると，第3正規形は第2正規形へ戻る．第3正規形へのリレーションの分解は，やはり情報無損失分解である．

　このように，リレーションに一つの情報のみを記録し，情報に重複のない第3正規形のリレーションは，更新時に不整合が生じないし，自然結合によっていつでももとに戻せる．これが正規化の目的である．

　しかし，結合演算はタプル数が多いと負荷のかかる演算である．したがって，更新の頻度よりも，検索の頻度が高いリレーションにおいては，あえて正規化しないことも一つの選択肢である．

3.3.4　高位の正規形

　第3正規形になっていても，まれに問題が生じることがある．その問題を解決するために，ボイス・コッド正規形，第4正規形，第5正規形が考案されている．

　これらは，例題データベースでは不整合が起きる場合を示すことができないので，やや特殊な例を用いて説明する（実用的には，3.3.4項は読み飛ばしてもよい）．

　（**1**）　**ボイス・コッド正規形**　**図3.14**は学生の履修状況を示すリレーションである．このデータモデリングでは，学生は複数科目を履修でき，各科目は複数の学生が履修する．教員は1科目だけを担当することを示している（こんなことがあれば幸いである）．{学生，科目}を主キーとすれば，部分関数従属性も推移的関数従属性もないので，このリレーションは第3正規形である．

図3.14　問題の残る第3正規形

　しかし，平松さんが論理回路の履修を取りやめたとすると，第1タプル（平松，論理回路，清水）を削除するため，清水先生が論理回路を担当するという情報も消えてしまう．また，同様に第3タプル（中島，論理回路，富山）を削除すると，富山先生が論理回路を担当するという情報が消えてしまい，削除時不整合が発生する．この問題が発生する理由は，教員→科目となっていることによる．つまり，関数従属の決定項が非キー属性となっていることが問題の原因である．

　この問題を解決する正規形が**ボイス・コッド正規形**（**Boyce/Codd Normal Form：BCNF**）である．ボイス・コッド正規形では，すべての決定項が主キーであるという条件を満たすように正規化を行う．この正規化を行ったボイス・コッド正規形を**図3.15**に示す．ボイス・コッド正規形は第3正規形の条件の不備を補っ

たものである．この正規形では，平松さんが論理回路の履修を取りやめた場合は，リレーション「担任」の第1タプル（平松，清水）を削除すればよい．リレーション「担当」で清水先生が論理回路を担当している情報は影響を受けず，削除時不整合が発生することはない．

図3.14のリレーションには履修の情報と教員の情報が混在しており，このようなデータベース設計をすることはまず考えられない．このようなリレーションは，問題の発生する第3正規形を意図的に作ったものといえる．

担任	
学生	教員
平松	清水
平松	谷川
中島	富山
中島	谷川

担当	
教員	科目
清水	論理回路
富山	論理回路
谷川	画像処理

外部キーと参照先の主キー（自然結合の属性）

図3.15 ボイス・コッド正規形

また，図3.15のリレーションは，分解の前段階として図3.14のリレーションがあったからこそボイス・コッド正規形であるが，通常は第3正規形と認識される．すなわち，通常のデータベース設計では，第3正規形であるとして図3.15のリレーションを設計する．

（2） 第4正規形　　図3.16は教員が所属する学会と学内の委員会を示すリレーションである．このデータモデリングでは，教員は複数の学会に所属するし，複数の委員会に所属する．そして学会と委員会の間には何ら関係がないのに，一つのリレーションに記録している．このため，このリレーションでは，「教員が決まれば，委員会に関係なく学会が決まる」および「教員が決まれば，学会に関係なく委員会が決まる」という依存関係がある．

{教員，学会，委員会}を主キーとすれば，このリレーションは第3正規形，ボイス・コッド正規形の条件を満たしている．

教員	学会	委員会
清水	情報処理学会	教務
清水	電子情報通信学会	教務
清水	情報処理学会	就職
清水	電子情報通信学会	就職
谷川	電気学会	入学
谷川	画像電子学会	入学

図3.16 多値従属性がある
　　　　リレーション

ここで，属性Aが決まると属性Bの集合が決まる関係にあるとき

$$A \rightarrow \rightarrow B$$

と記述する．図3.16のリレーションでは，教員→→学会，教員→→委員会である．

そして「$A \rightarrow \rightarrow B$」が$C$に関係なく成立し，「$A \rightarrow \rightarrow C$」が$B$に関係なく成立するとき，$A$と$B$，$C$の間に**多値従属性**（**multivalued dependency**）があるという．これを

$$A \rightarrow \rightarrow B \mid C$$

と記述する．すなわち，教員→→学会|委員会である．

このリレーションでは，例えば清水先生が新たに電気学会に加入したときに，委員会として教務と就職を組み合わせた2タプルを挿入しなければならず，挿入時不

整合が発生する．このように，多値従属性も不都合な従属性である．

　この不整合を解決する正規形が，**第4正規形**（**fourth normal form**：**4 NF**）で
ある．**図3.17**のように二つのリレーションに
分解すれば，不都合な多値従属性が断ち切られ
た第4正規形となる．それぞれが，所属学会と
所属委員会を表すリレーションになる．

　こちらでは，清水先生が新たに電気学会に加
入したときに，リレーション「所属学会」に1
タプル挿入すればよい．

　図3.16のリレーションのように，いかにも
無駄の多いデータベース設計をすることはまず考えられない．このようなリレー
ションは，問題の発生する第3正規形およびボイス・コッド正規形を意図的に作っ
たものといえる．

所属学会

教員	学会
清水	情報処理学会
清水	電子情報通信学会
谷川	電気学会
谷川	画像電子学会

所属委員会

教員	委員会
清水	教務
清水	就職
谷川	入学

自然結合の属性

図3.17　第4正規形

　また，図3.17のリレーションは，分解の前段階として図3.16のリレーションが
あったからこそ第4正規形であるが，通常は第3正規形と認識される．すなわち，
通常のデータベース設計では，第3正規形であるとして図3.17のリレーションを
設計する．

（3）　**第5正規形**　**図3.18**は教員が所属する学内の委員会とその委員会での
担当項目を示すリレーションである．このデータモデリングで
は，教員の担当項目は決まっており，委員会の担当項目は
固定されているが，複数教員の担当項目でカバーすればよい
としている．また，委員会に所属する教員は必要に応じて増
減するとしている．

　{教員，委員会，担当項目}を主キーとすれば，このリレー
ションは第3正規形，ボイス・コッド正規形の条件をすべて
満たしている．さらに，このリレーションでは教員と委員会，
教員と担当項目，委員会と担当項目の間に依存関係があり，
多値従属性がないので，第4正規形の条件も満たしている．

教員	委員会	担当項目
野原	教務	カリキュラム
佐橋	教務	カリキュラム
佐橋	教務	インターンシップ
清水	教務	インターンシップ
清水	就職	インターンシップ
清水	就職	企業紹介
福山	就職	カリキュラム
福山	就職	企業紹介

図3.18　結合従属性がある
リレーション

　このリレーションを**図3.19**に示す三つのリレーションに分解した場合と比較し
てみる．もとのリレーションをRとすると，分解はつぎのように射影して得られる．

　　　所属＝R[教員，委員会]，担当＝R[委員会，担当項目]，

　　　分担＝R[教員，担当項目]

　分解された3リレーションを自然結合するともとのリレーションに戻るので，こ
の3リレーションに分解した情報はデータモデリングを正しく反映している．した
がって，この分解は情報無損失分解である．ただし，分解されたリレーションのど

所属	
教員	**委員会**
野原	教務
佐橋	教務
清水	教務
清水	就職
福山	就職

担当	
委員会	**担当項目**
教務	カリキュラム
教務	インターンシップ
就職	インターンシップ
就職	企業紹介
就職	カリキュラム

分担	
教員	**担当項目**
野原	カリキュラム
佐橋	カリキュラム
佐橋	インターンシップ
清水	インターンシップ
清水	企業紹介
福山	カリキュラム
福山	企業紹介

3リレーションの自然結合の属性

図3.19 第5正規形

の二つを自然結合しても，属性はもとのリレーションと同じになるので，2リレーションだけへの分解でよいと考えてはいけないことに注意してほしい．2リレーションだけへの分解では，それらを自然結合するともとのリレーションにない組合

せが現れてしまい，データモデリングを正しく反映していない．例えば，「所属」と「担当」を自然結合したリレーションは図3.20となり，もとのリレーションにない4タプル（網掛け）があり，データモデリングを正しく反映していない．しかし，図3.20のリレーションと残りの「分担」とを二つの属性で自然結合するともとのリレーションに戻ることが確認できる．

　ここで，例えば就職委員会ではカリキュラムとインターンシップの担当者を増やすために，佐橋先生が新たに就職委員会に所属することになったとする．三つに分解したリレーションでは，「所属」に（佐橋，就職）の1タプルの挿入でよいのに，もとのリレーションでは，（佐橋，就職，カリキュラム），（佐橋，就職，インターンシップ）の2タプルを挿

教員	委員会	担当項目
野原	教務	カリキュラム
野原	教務	インターンシップ
佐橋	教務	カリキュラム
佐橋	教務	インターンシップ
清水	教務	カリキュラム
清水	教務	インターンシップ
清水	就職	インターンシップ
清水	就職	企業紹介
清水	就職	カリキュラム
福山	就職	インターンシップ
福山	就職	企業紹介
福山	就職	カリキュラム

図3.20 「所属」と「担当」の自然結合

入しなければならない．つまり，もとのリレーションでは挿入時不整合が発生する．

　この不整合を解決するために，前記のように三つに分解したリレーションを**第5正規形**（**fifth normal form**：**5 NF**）という．この3リレーションを結合すると，もとのリレーションに戻すことができるので，もとのリレーションには**結合従属性**（**join dependency**）があるという．この結合従属性も不都合な従属性であり，挿入時不整合が発生する．なお，関数従属性は多値従属性の一種であり，多値従属性は結合従属性の一種である．

　この結合従属性という用語はここで定義したが，これまでに説明したどの正規化

でも，分解したリレーションをもとのリレーションに戻すことができたので，どの
正規化の前のリレーションにも結合従属性があったことになる．ところが，その分
解前のリレーションでも，すべての属性の集合を主キーとすれば，理論的に第4正
規形までの条件を満たすことになる．そのような主キーの設定は，通常しないが，
理論的にはあり得る．

　図3.18のようなリレーションは，問題の発生する第3正規形，第4正規形を意
図的に作ったものといえる．

　また，図3.19のリレーションは，分解の前段階として図3.18のリレーションが
あったからこそ第5正規形であるが，通常は第3正規形と認識される．すなわち，
通常のデータベース設計では，第3正規形であるとして図3.19のリレーションを
設計する．

（4）　**高位の正規形のまとめ**　　ボイス・コッド正規形，第4正規形，第5正規
形へ正規化する必要があるもとのリレーションは，3.2節で説明したER図で考え
ると，「多対多の関連型」をそれぞれ独立したリレーションに置き換えたものに対
応していない（**図3.21～図3.23**参照）．3.2.3項で説明したように，通常は一つ
の「多対多の関連型」を一つのリレーションに置き換える．このように設計すれ
ば，ボイス・コッド正規形，第4正規形，第5正規形への正規化は必要にならず，
最初から第3正規形のリレーションとなる．

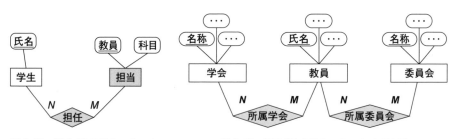

図3.21　図3.15のリレーション
　　　　のER図

図3.22　図3.17のリレーションのER図

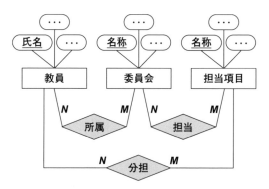

図3.23　図3.19のリレーションのER図

3.3.5 正規化のまとめ

ここまで説明した正規形は**図 3.24** の包含関係がある．すなわち，高位の正規形はそれより低位の正規形の条件を満たしている．

正規化により更新時不整合が起きる可能性はなくなるが，リレーションを分解するのでもとの情報を得るのに結合演算が必要になり，問合せの性能が低下する．実際のデータベースシステムでは，正規化を第3正規形より低い段階にとどめるほうがよい場合もある．データベースの更新と検索の頻度を考えて，正規化の段階をどこまでにするかは，データベース設計者の技量になる．

ボイス・コッド正規形以上の正規形は，分解前のリレーションを知らなければ，第3正規形に見える．この意味でも，正規化のゴールは第3正規形である．それ以上の正規化は，理論的に考えられる特殊なケースへの対処といえる．

なお，例題データベースのリレーション「X会員」

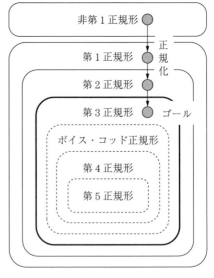

図 3.24 正規形の包含関係

と「Y会員」には推移的関数従属性があり第2正規形であるが，リレーショナル代数や SQL の説明に使用する都合で，あえてこの正規形にとどめている．

4

リレーショナルデータベース言語 SQL

標準リレーショナルデータベース言語 **SQL** はデータベースの定義, 更新 (挿入, 変更, 削除) そして問合せ (検索) というすべての操作を行うことができる. データベースの活用という意味で重要なのは問合せであり, バリエーションも多いので, 本章では問合せを中心に学ぶ. なお, オープンソースのリレーショナル DBMS として代表的な MySQL での実行結果を示しながら説明する (本書では MySQL 8.0.19 および MySQL 8.0 Command Line Client を用いて確認している).

4.1 概　　　要

リレーショナルデータベースのデータ操作言語として, リレーショナル代数があることは 2 章で述べた. これは, リレーショナルデータベースにおけるデータ問合せの理論的基盤を提供するものである. しかし, 現実的なデータベースの利用においては, データの更新, さらにはスキーマの定義などが必要となるが, リレーショナル代数はそのような機能を提供していない. また, 問合せにおいても, 実用面で不可欠な算術演算やソーティングができないなどの問題がある. SQL は実用的なデータベースの利用において必要とされる機能すべてを提供することを念頭において開発された言語である.

SQL は, 1970 年代に System R というリレーショナル DBMS の研究開発で生まれたデータベース言語をもとに, 国際標準化機構 (ISO) で標準化されたものである. この標準化は, 1986 年以来段階的に行われている. 現在広く普及しているものは, SQL2 という名のもとに, 1992 年に規格制定されたものであり, SQL92 ともいう. これをもとに 1995 年に漢字機能を追加して, 日本産業規格である JIS X3005-1995 が制定された. このバージョンでリレーショナルモデルとしての基本的な機能はすべて盛り込まれているので, 本章では SQL2 (JIS X3005-1995) に基づいて説明する. その後も, 拡張は継続しており, SQL3 (SQL99 ともいう) などの規格に発展している. これは 1 章で説明したオブジェクトリレーショナルモデルの機能などが盛り込まれている.

SQL は, 実用的なデータベースの利用を中心に考えているので, 集合の理論を

基本として考えられたオリジナルのリレーショナルモデルに対して，データ構造につぎのような拡張がなされている．

① 重複したタプルの扱い　　集合の要素には，同じ値は重複して存在しない．したがって，リレーショナルモデルのリレーションにおいては，まったく同じ値のタプルは削除される．しかし，現実的なデータ操作においては，それでは困ることがある．例えば，ある属性値の平均を求めるためには，まずその属性で射影を行うが，その過程で自動的に重複値を除去されると，単純平均しか求めることができない．加重平均が必要な場合は，重複した値もその数だけ必要である．このため，SQL では重複したタプルの存在を許している．ただし，重複を排除する指定もできるようになっている．

② 属性やタプルの順序の扱い　　集合にはその要素に順序がない．したがって，リレーショナルモデルのリレーションスキーマにおいては，属性の並ぶ順序に意味がない．また，問合せ結果のタプルの並ぶ順序も指定できない．これでは，学生一覧を学籍番号順に出力したり，成績順に出力したりできないため，困ることになる．SQL では，問合せ結果において，タプルの並ぶ順序を明示的に指定することもできる．

これらの相違も考慮に入れて，SQL ではリレーショナルモデルとは異なる用語を使用している．リレーションよりも，一般ユーザにイメージしやすい**表（table）**という用語を用いる（図 2.1 参照）．それに伴い，タプルを**行（row）**，属性を**列（column）**と呼ぶ．本章ではこの用語を使用する．

SQL の利用形態としては，直接ユーザが対話的に利用する場合と，アプリケーションプログラムの中で使用する場合がある．前者を**直接起動**と呼ぶ．後者を**ホスト言語方式**と呼び，**埋込み SQL** とモジュール言語がある．本章では，MySQL を直接起動により実行した結果を用いて説明する．

本章で説明に使用する例題データベースを図 2.3 に示した．図 2.3 は前見返しにも掲載されている．

SQL の説明において，括弧記号に注意してほしい．小括弧「（　）」は SQL として記述する記号であり，中括弧「{　}」と大括弧「[　]」はつぎのように説明のために使用しているものであり，SQL の中には記述されない．

[A]：A はオプションであり，A が指定される場合と，指定されない場合があることを示している．

{A|B}：「|」で区切られた項 A または B のいずれか一つが指定されることを示している†．

---

†　本章では，付録 1 に示す集合論の記号 {x|P(x)} とは異なる意味で使用する．

$[\{A|B\}]$：何も指定されないか，A または B が指定されることを示している．

本章では，まず各機能の概要を説明した後，**【書式】**で SQL の書き方を説明し，つぎに **D1** や **Q1** などで SQL 記述の例を豊富に示す．例では MySQL で実行した結果を示す．

本書では MySQL のコマンドはすべて小文字で表記している．また，ユーザが決めるデータベース名，表名および列名は，コマンドと区別するために，頭文字を大文字とし，続く文字の一部も大文字である．

大文字・小文字・日本語

Windows 環境の MySQL では，コマンド，データベース名，表名および列名に（英文字の）大文字・小文字のどちらも使用できる．データベース名と表名は大文字で定義しても，すべて小文字で表示される．列名は定義したとおりの表示となる．

表名と列名を日本語にした定義も受けつけられる．しかし，検索などにおいて，列名が正しく認識されない場合があるので避けるほうがよい．

4.2　データ定義

MySQL では，ひとまとまりの表を格納する単位を「**データベース**」という．まず，この「データベース」を定義して，その中にひとまとまりの表を定義していく．ここでは，例題データベースの表の一部を例に使用して説明する．

（1）**データベースの定義**　　create database によって，データベースを定義する．

【書式】　`create database` **データベース名**

【D1】　**データベース「**`ExampleDB`**」を定義する**．

```
create database ExampleDB;
```

【DC1】　**D1 を確認する**．

```
show databases;
```

```
Database
exampledb          ←ユーザ定義
information_schema
mysql
performance_schema
sakila
sys
world
```

「ExampleDB」が定義されたことが確認できる．なお，「mysql」などは，MySQL システムが使用しているデータベースであり，この中に MySQL システムで使用する多数の表がある（**図4.1**参照）．

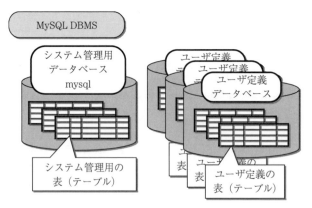

図4.1　MySQL のデータベース構成

（**2**）　**データベースの指定**　use コマンドによって使用するデータベースを指定する．これにより，そのデータベースの中に表を定義し，その表を使用することができる．

【書式】　use **データベース名**

【D2】　**データベース「ExampleDB」を指定する**．

use ExampleDB;

（**3**）　**表の定義**　create table によって，表名，列名，データ型，列属性，オプション属性を定義する．

【書式】　create table **表名（列名 データ型［列属性］［列属性］…**

　　　　　　　　　　　［, 列名 データ型［列属性］［列属性］…］

　　　　　　　　　　　…

　　　　　　　　　　　［, オプション属性［オプション属性］…］

　　　　　　　　　　　）

　表名を指定し，その後に列名と**データ型**（本節（**4**）項参照）をペアで指定する．**整合性制約**（2.3.4項参照）が必要であれば，「primary key」（主キー），「unique」（ユニークキー）や「not null」などを**列属性**（本節（**5**）項参照）で指定する．列属性は複数指定することができる．ただし，主キーは一つだけ指定できる．また，複数列で構成する主キー（複合キー）を指定する場合は，列属性でそれぞれ not null を指定した上で，別途，**オプション属性**（本節（**6**）項参照）で

「primary key（列名，列名…）」を指定する．外部キー「foreign key」の指定はオプション属性で「foreign key（外部キーの列名）references 参照先の表名（参照キーの列名）」を指定する．参照キーとすることが可能なのは主キーまたはユニークキーである．

　外部キーの参照先の表（親表）は，その外部キーを持つ表（子表）より先に定義する．外部キーの参照先が自身の表である場合は，create table では外部キーを指定できないので，つぎに alter table で指定する．

【D3】　表「CorpT」（会社）を定義する．

```
create table CorpT(
CorpID      Char(4)          primary key,     //単独主キーの指定，この
                                                 場合 not null は不要

CorpName    varchar(20)      not null,
CorpAddr    varchar(100));
```

【DC3】　D3 を確認する．

```
show columns from CorpT;
```

Field	Type	Null	Key	Default	Extra
CorpID	char(4)	NO	PRI	NULL	
CorpName	varchar(20)	NO		NULL	
CorpAddr	varchar(100)	YES		NULL	

　※ 指定した列名，データ型，整合性制約が確認できる．PRI が主キーを表している．

【D4】　表「OrderT」（注文）を定義する．

```
create table OrderT(
OrderID    char(5)   primary key,
ODate      date      not null,
OCorpID    char(4)   not null,
foreign key (OCorpID) references CorpT (CorpID));     //外部キー，
                                                         参照キー
                                                         の指定
```

【DC4】　D4 を確認する．

```
show columns from OrderT;
```

Field	Type	Null	Key	Default	Extra
OrderID	char(5)	NO	PRI	NULL	
ODate	date	NO		NULL	
OCorpID	char(4)	NO	MUL	NULL	

※ MUL が（重複可能な）外部キーを表している.

【D5】 表「DetailT」（注文明細）を定義する.

```
create table DetailT(
OrderID    char(5)            not null,
Item       varchar(20)        not null,
Price      int unsigned       not null,
Qty        smallint unsigned  not null,
primary key (OrderID,Item),            //複合主キーの指定
foreign key (OrderID) references OnderT (OrderID));
```

【DC5】 D5 を確認する.

```
show columns from DetailT;
```

Field	Type	Null	Key	Default	Extra
OrderID	char(5)	NO	PRI	NULL	
Item	varchar(20)	NO	PRI	NULL	
Price	int(10) unsigned	NO		NULL	
Qty	smallint(5) unsigned	NO		NULL	

※ PRI が二つで2列からなる複合主キーを表している. OrderID は外部キーで
もあるが PRI が優先され, MUL は表示されていない.

【D6】 表「XMemberT」（X 会員）を定義する.

```
create table XMemberT(
MemberID    char(4)            primary key,
Name        varchar(10)        not null,
Age         tinyint unsigned   not null,
GName       char(1),
GLeaderID   char(4));
```

外部キーの参照先が自身の表である場合は create table では外部キーと参照キー
を指定できないので, つぎに alter table（4.2節（7）参照）で指定する.

```
alter table XMemberT add foreign key (GLeaderID) references
XMemberT (MemberID);
```

【DC6】 D6 を確認する.

```
show columns from XMemberT;
```

Field	Type	Null	Key	Default	Extra
MemberID	char(4)	NO	PRI	NULL	
Name	varchar(10)	NO		NULL	
Age	tinyint unsigned	NO		NULL	
GName	char(1)	YES		NULL	
GLeaderID	char(4)	YES	MUL	NULL	

※ MUL により（重複可能な）外部キーの追加が確認できる.

以上説明したものを含めて，例題データベースの各表の定義文を付録5に示す.

加えて，各表へのデータ挿入文（4.5.1項参照）を付録5に示す.

（4）**データ型**　　MySQL で使用するデータ型をつぎに示す.

① 数値型

データ型	内容
tinyint	1バイト整数. $-128(2^7)$〜$127(2^7-1)$. unsigned 指定の場合は 0〜$255(2^8-1)$. （数値の表示は，符号を含めて4桁であるので，tinyint(4) と表示される.）
smallint	2バイト整数. $-32\,768(-2^{15})$〜$32\,767(2^{15}-1)$. unsigned 指定の場合は 0〜$65\,535(2^{16}-1)$.
mediumint	3バイト整数. $-8\,388\,608(-2^{23})$〜$8\,388\,607(2^{23}-1)$. unsigned 指定の場合は 0〜$16\,777\,215(2^{24}-1)$.
int, integer	4バイト整数. $2\,147\,483\,648(-2^{31})$〜$2\,147\,483\,647(2^{31}-1)$. unsigned 指定の場合は 0〜$42\,944\,967\,295(2^{32}-1)$.
bigint	8バイト整数. -2^{63}〜$2^{63}-1$. unsigned 指定の場合は 0〜$2^{64}-1$.
float	単精度（4バイト）浮動小数点数.
real, double, double precision	倍精度（8バイト）浮動小数点数.
decimal (M, D), numeric (M, D)	10進数. 数値の最大範囲は double と同じ. 2進化誤差が生じない. M は表示上の桁数，D は小数点以下の桁数.

② 文字型

データ型	内容
char (N)	固定長文字列. N で文字数（0〜255）を指定する. char は char(1) と同じ. char(0) の場合は空文字（''）またはナルのみが入力できる. 空文字とナルは区別される（「'」と「'」，または「"」と「"」で囲って入力文字を示す. したがって，「''」は空文字を示している）.
varchar (N)	可変長文字列. N で最大文字数（1〜255）を指定する. varchar や varchar(0) は使用できない.
enum（'data1', 'data2',…）	'data1', 'data2',…で列に入力可能なデータの候補値のリストを指定し，その一つを入力する. 候補値は 65 535 個まで指定可能，各候補値はリスト順に1からの数値と対応する. order by での順序はこの数値で決まる. where 句の述語や，select 句の指定には，順序の数値と候補値の両方が使用できる. ※ 候補値以外を入力したり，複数個入力すると，一つも入力されない.

データ型	内容
set（'data1', 'data2',…）	enum とほぼ同じで，異なる点は，候補値の最大数が 64 であり，入力できるデータは複数個可能である． ※ 候補値とそれ以外を混ぜて入力すると，候補値のみが入力される．

③ 日付型

データ型	内容
date	日付．YYYY-MM-DD で表示．1000-01-01 ～ 9999-12-31.
datetime	日付と時刻．YYYY-MM-DD HH:MM:SS で表示． 1000-01-01 00:00:00 ～ 9999-12-31 23:59:59.
time	時刻．HH:MM:SS で表示．00:00:00 ～ 23:59:59.
year	年．YYYY もしくは YY で表示． YYYY の場合は 1901～2155．YY の場合は 70（1970）～69（2069）.
timestamp	時刻の自動記録．YYYY-MM-DD HH:MM:SS で表示． 1970-01-01 00:00:00 ～ 2037-12-31 23:59:59.

④ バルク型（バイナリ型）

データ型	内容
tinyblob, tinytext	バイナリデータ．最大長は 255（2^8-1）バイト．
blob, text	バイナリデータ．最大長は 65 535（$2^{16}-1$）バイト．
mediumblob, mediumtext	バイナリデータ．最大長は 16 777 215（$2^{24}-1$）バイト．
longblob, longtext	バイナリデータ．最大長は 42 944 967 295（$2^{32}-1$）バイト．

（5） 列属性　　MySQL で使用する列属性をつぎに示す．

列属性	内容
unsigned	整数のデータ型に対して負の数を入力しないことを指定する．符号ビットが不要になるため，最大値が約 2 倍になる．負の数を入力すると，Warning が表示され，0 が入力される．
zerofill	数値型に対して，表示上の上位桁を 0 で埋めることを指定する．
not null （または null）	列にナルを入力できないように指定する．ナルの入力はエラーとなる． null を指定するとナルの入力が可能となる．省略は null 指定と同じ．
primary key	主キーとなる列を指定する．主キーは一つの表に一つだけ指定できる．主キーの値はユニークであることが保証される．重複した値を入力するとエラーとなる．
unique	ユニークキーとなる列を指定する．この指定は一つの表に複数指定できる．この指定がされた列はユニークであることが保証される．重複した値を入力するとエラーとなる．同時に not null を指定していない場合，ナルは許される．
default '初期値'	列の初期値を指定する．入力値がなかったときに「初期値」が設定される．
auto_increment	1 行挿入するたびに，その列の値が自動的に一つずつ増加する．主キーとした ID などに使用する．

※ unsigned と zerofill はデータ型を直接修飾する属性であるので，これらを先に書く．

（6）　**オプション属性**　　MySQL で使用するオプション属性をつぎに示す.

オプション属性	内容
primary key（列名［,列名］…）	主キーとなる列を指定する. 複数列からなる主キーはこの指定を行う. これらの列は, 列属性で not null を指定しておく必要がある. 列属性で primary key を指定した表では指定できない.
unique（列名［,列名］…）	ユニークキーとなる列を指定する. 複数列をひとまとめにしてユニークとする場合はこの指定を行う. 列属性で not null を指定していない列では, ナルは許される.
index［インデックス名］（列名［,列名］…）	列名で指定した列に, インデックス名で指定した名前のインデックスを作成する. 複数列を指定して, これらをひとまとめにしたインデックスの作成もできる. インデックス名を省略したときは列名と同じ名前となる.
unique index［インデックス名］（列名［,列名］…）	列名で指定した列に, インデックス名で指定した名前の重複のないインデックスを作成する. 複数列を指定して, これらをひとまとめにしたインデックスの作成もできる. インデックス名を省略したときは列名と同じ名前となる.
foreign key（列名1）references 表名（列名2）	外部キーとなる列を列名1で指定する. その参照先を表名および列名2で指定する. 参照先の列とすることが可能なのは主キーまたはユニークキーである.

（7）　**表定義の変更**　　すでに定義した表の定義内容を変更することができる. 表の名前, 列の名前, 列定義の変更, および列の追加, 削除などが可能である. いずれも, alter table コマンドを使用する.

① 表名の変更

【書式】　alter table **表名** rename to **新表名**

② 列名および列定義の変更

【書式】　alter table **表名** change **列名　新列名　データ型**［**列属性**［**列属性**］…］

列名だけを変更する場合でも, データ型や列属性をすべて記述する.

③ 列定義の変更

【書式】　alter table **表名** modify **列名　データ型**［**列属性**［**列属性**］…］

④ 列の追加

【書式】　alter table **表名** add **新列名　データ型**［**列属性**［**列属性**］…］
［{first|after **列名**}］

オプションが指定されていないときは, すでに定義されている列の最後に追加される.「first」を使用すると, 列は先頭に追加される.「after 列名」を指定すると, その列のつぎに追加される.

⑤ 主キーの追加

【書式】 alter table 表名 add primary key 列名 ［, 列名］ …

⑥ 外部キーの追加

【書式】 alter table 表名 add foreign key（列名 1）references 表名（列
　　　　名 2）

　外部キーとなる列を列名 1 で指定する．その参照先を表名および列名 2 で指定する．参照先の列とすることが可能なのは主キーまたはユニークキーである．

⑦ インデックスの追加

【書式】 alter table 表名 add index ［インデックス名］（列名 ［, 列名］ …）

⑧ ユニークインデックスの追加

【書式】 alter table 表名 add unique ［index］［インデックス名］（列名 ［,
　　　　列名］ …）

⑨ 初期値（デフォルト値）の追加

【書式】 alter table 表名 alter 列名 default '初期値'

⑩ 列の削除

【書式】 alter table 表名 drop 列名

⑪ 主キーの削除

【書式】 alter table 表名 drop primary key

⑫ インデックスの削除

【書式】 alter table 表名 drop index インデックス名

⑬ ユニークインデックスの削除

【書式】 alter table 表名 drop unique ［index］ インデックス名

⑭ 初期値（デフォルト値）の削除

【書式】 alter table 表名 alter 列名 drop default

（8）　データベース・表の削除

【書式】　drop database **データベース名**

【書式】　drop table **表名**

4.3　インポート

定義した表へデータを挿入するには，4.5.1項で説明する挿入コマンド（insert）でも行えるが，データファイルから**インポート**（一括挿入）できる．

外部キー制約のために，親表へは子表より先にインポートする．

データファイルとしては，データ項目をコンマ区切りの csv ファイル，およびタブ区切りの txt ファイルのみが使用できる．

【書式】　load data infile '**データファイル名**' into table **表名**
　　　　[fields terminated by ',']
　　　　lines terminated by '¥r¥n';

「fields terminated by ','」は csv ファイルからインポートする場合のデータ項目（フィールド）の区切り指定である．txt ファイルからインポートする場合はデータ項目の区切り指定は**不要**である．

本書確認用の MySQL 8.0.19 を Windows10 へデフォルトでインストールした環境ではインポートできないので，MySQL サーバや MySQL モニタに関する設定が記述されているファイル my.ini を修正する．my.ini は C：¥ProgramData¥MySQL¥MySQL Server 8.0 にある．

---

my.ini の修正（慎重に行う）

（**66行目あたり**）　#default-character-set=　⇒　default-character-set=**utf8mb4**

（**214行目あたり**）　# secure-file-priv="C:/ProgramData/MySQL/MySQL Server 8.0/Uploads"　⇒　secure-file-priv='''

インポートするファイルを Excel で作成し，それぞれのファイル種類で保存する．さらに，テキストエディタで文字コード UTF-8N で，C:¥ProgramData¥MySQL¥MySQL Server 8.0¥Data¥exampledb に保存する．

　※　フォルダ exampledb は create database ExampleDB（4.2節参照）を実行したことにより作られている．このフォルダ内のファイル（*.idb）はデータベースのデータ本体であるので書き換えないほうがよい．

```
Kaisha.csv
A011, 丹沢商会, 秦野市 XX
A012, 大山商店, 伊勢原市 YY
B112, 中津屋, (空欄)
C113, 墨田書店, 東京都 ZZ
```

```
Chuumon.txt
16001   2021/4/15   A011     (タブ区切り)
16002   2021/5/11   B112
16003   2021/5/17   A011
16004   2021/6/23   A012
```

※ 日付型 date の表示形式は YYYY-MM-DD であるが，Excel の表示形式 YYYY/MM/DD での入力も可能である．

【L1】 Kaisha.csv **を表「CorpT」（会社）へインポートする．**

```
load data infile 'Kaisha.csv' into table CorpT
fields terminated by ','
lines terminated by '¥r¥n';
```

【LC1】 L1 を確認する（書式は 4.4.1 項参照）.

```
select * from CorpT;
```

CorpID	CorpName	CorpAddr
A011	丹沢商会	秦野市 XX
A012	大山商店	伊勢原市 YY
B112	中津屋	
C113	墨田書店	東京都 ZZ

※ このインポートでは，「値なし」（Excel での空欄）はナルにならず，空文字「' '」となる．このため，ナルに変更しておく（書式は 4.5.2 項参照）.

```
update CorpT set CorpAddr = null where CorpAddr = '';
```

※ 前記を確認する．

```
select * from CorpT;
```

CorpID	CorpName	CorpAddr
A011	丹沢商会	秦野市 XX
A012	大山商店	伊勢原市 YY
B112	中津屋	NULL
C113	墨田書店	東京都 ZZ

※ MySQL 8.0.19 の導出表では，ナルは NULL と表示されている（ただし，MySQL のバージョンによってはナルの表示が空欄の場合もある（例えば MySQL 5.7.18））.

【L2】 Chuumon.txt **を表「OrderT」（注文）へインポートする．**

```
load data infile 'Chuumon.txt' into table OrderT
lines terminated by '¥r¥n';
```

【LC2】　L2 を確認する.

```
select * from OrderT;
```

OrderID	ODate	OCorpID
16001	2021-04-15	A011
16002	2021-05-11	B112
16003	2021-05-17	A011
16004	2021-06-23	A012

ナルの入力

　csv ファイル, txt ファイルからのインポートでナルを入力できないだろうか？ csv ファイルなどのフィールドを空欄にしてはナルが入力できないことは前述したが, 「NULL」,「null」と書いてインポートするとどうだろうか？　そうすると, 文字列「NULL」,「null」が入力され, MySQL 8.0 Command Line Client では「NULL」,「null」と表示される. しかし, これはナルではないので注意してほしい.

　正解は, ナルとしたいフィールドには, エスケープ文字「¥」を使用して,「¥N」（必ず大文字の N）と書いておけばナルが入力される. これらはつぎのようにして確認できるが, 不用意に文字列「NULL」,「null」を入力しないほうがよい. 例えば, 下記 csv ファイルを CorpT へインポートしたとする.

```
A011, 丹沢商会 ,
A012, 大山商店 ,NULL
B112, 中津屋 ,null
C113, 墨田書店 ,¥N
```

```
select * from CorpT where CorpAddr = ''; （比較述語）
```

CorpID	CorpName	CorpAddr
A011	丹沢商会	

（空文字）

```
select * from CorpT where CorpAddr = 'NULL'; （比較述語）
```

CorpID	CorpName	CorpAddr
A012	大山商店	NULL
B112	中津屋	null

（文字列）

```
select * from CorpT where CorpAddr is null; （NULL 述語）
```

CorpID	CorpName	CorpAddr
C113	墨田書店	NULL

（ナル）

```
select * from CorpT where CorpAddr = NULL; （比較述語, この述語
                                             は必ず不定となる）

Empty set
```

4.4　問　合　せ

4.4.1　基　本　構　文

最も基本的な**問合せ**の書式はつぎの形式である.

```
select    列名 1, 列名 2,…, 列名 n
from      表名 1, 表名 2,…, 表名 m
[where 探索条件]
```

これは，表名 1〜m から，探索条件が成立する行を選択し，列名 1〜n からなる表を導出することを指定している. 導出された表を**導出表**（**derived table**）という. これに対し，データベースに格納されている表を**実表**（**base table**）という. 複数の表で列名が重複しているときは，「表名 . 列名」のように，表名と列名を「.」（ドット）でつないで記述する. 前述 SQL 文の各行を select 句，from 句，where 句と呼ぶ.

　select 句と from 句は必ず指定するが，where 句を指定しないことも許される. この場合は，すべての行が出力される. また，select 句の列名の代わりに，「＊」を指定するとすべての列が出力される.

【Q1】　表「DetailT」のデータすべてを出力したい.

```
select * from DetailT;
```

OrderID	Item	Price	Qty
16001	テーブルタップ	2	4
16001	ディスプレイ	45	2
16001	ハードディスク	50	1
16001	パソコン	100	2
16002	SD メモリカード	10	2
16002	ディジタルカメラ	30	1
16003	パソコン	90	3
16003	フィルター	6	2
16004	キャリアー	5	1
16004	ディスプレイ	40	3
16004	ノートパソコン	190	1
16004	バッテリー	9	1

※　本章の導出表は MySQL 8.0 Command Line Client で表示された結果をそのまま示している. この導出表の行の順序が前見返しの例題データベースの「注文明細」（実表）の行の順序と一致していない理由を説明する（以降の導出表でも同様）. SQL では，4.1 節で述べたように出力行の順序を明示的に指定することができる（指定方法は 4.4.3 項（3）参照）. しかし明示的に指定しないときは，出力順は DBMS に委ねられている（MySQL のバージョンにも依

存する). このため, 表全体を出力してもその行の順序が実表と同一とは限らない. もっとも実際のデータベースでは実表の行の順序はわからないので, 導出表の行の順序が実表と同一かどうかはわからない.

4.4.2　探　索　条　件

探索条件は, 以下で説明する5種類の述語 (探索条件の最小単位) を論理演算子 and, or, not と評価の順序を示す括弧「( )」を用いて記述したものである. 各述語の評価結果は**真** (**true**, 条件成立), **偽** (**false**, 条件不成立) および**不定** (**unknown**, 判定不能) である. この3値に対して and, or, not は本項 (6) で説明するように定義されている. この定義に従って探索条件が評価された結果が真となる行が出力される.

SQL では,「未定」,「不明」,「無意味」の理由で値がないときに**ナル** (**null**) が使用される (2.3.3項 (3) 参照). ナルは文字列「NULL」や「null」ではないことに注意してほしい (「'null'」は文字列「null」を表す).

MySQL 8.0.19 の導出表では, ナルは NULL と表示されている (ただし, MySQL のバージョンによってはナルの表示が空欄の場合もある (例えば MySQL 5.7.18)).

ナルはどの値とも比較できないため, NULL 述語以外の述語で, 述語の評価において値が一つでもナルの場合は, その述語の評価は不定となる. したがって, 比較述語「**列名**＝null」の評価は必ず不定となる. たとえ, その行の値がナルであっても不定である.

（1）　**比較述語**　「商品名がパソコン」とか「価格が50以上」というように, データの値を比較する条件を表す. 比較する値はデータ型が同じでなければならない (θ 比較可能). 数値型の場合は, 数値として比較される. 文字型の場合は, 同じ順序位置を持つ文字どうしが比較される. 文字列の長さが異なる場合は, 短いほうの文字列の右側に, 空白 (スペース) が必要な数だけ補われて同じ長さとして比較される. 同じ順序位置の文字がすべて等しいとき, 二つの文字列は等しい. 二つの文字列が異なるときは, 左から見て最初の異なる文字の比較によって, 大小関係が決まる. 文字の大小関係は, 使用している文字のコード体系の定義により決まる.

【書式】　値式 1　比較演算子　値式 2

値式1と値式2が比較演算子の関係を満たすか判定する. いずれかの値式がナルの場合は, 評価結果は不定である.

値式としては, 列名, 定数が指定できる. 比較演算子としては, ＜ (小なり),

<= （以下），＝（等しい），>=（以上），>（大な
り），<>（等しくない）がある．定数の指定にお
いて，文字型，日付型の場合は，「'」と「'」，ま
たは「"」と「"」で括って指定する．

　比較述語の例と評価結果が真となる値の範囲を
図4.2に示す（黒丸および太線の範囲が真とな
る）．

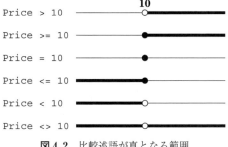

図4.2　比較述語が真となる範囲

【Q2】 表「X会員」でグループリーダをやっている会員を知りたい（2.5.3項 **R8**
　　　　参照）．

```
select * from XMemberT where MemberID＝GLeaderID;
```

MemberID	Name	Age	GName	GLeaderID
X003	厚木 広光	26	A	X003
X005	秦野 義隆	42	B	X005

【Q3】 表「注文明細」で商品名が「パソコン」である注文の情報を知りたい
　　　　（2.5.3項 **R9** 参照）．

```
select * from DetailT where Item＝'パソコン';
```

OrderID	Item	Price	Qty
16001	パソコン	100	2
16003	パソコン	90	3

【Q4】 表「注文明細」で価格が10以下である注文の情報を知りたい（2.5.3項
　　　　R10 参照）．

```
select * from DetailT where Price ＜＝10;
```

OrderID	Item	Price	Qty
16001	テーブルタップ	2	4
16002	**SD** メモリカード	10	2
16003	フィルター	6	2
16004	キャリアー	5	1
16004	バッテリー	9	1

【Q5】 商品名が「パソコン」であり，価格が100未満である注文の情報を知りたい．

```
select * from DetailT where Item＝'パソコン' and Price <100;
```

OrderID	Item	Price	Qty
16003	パソコン	90	3

※ and については本項（6）を参照.

（2）　**BETWEEN 述語**　　値の範囲と比較する条件を表す.

【書式】　**値式** 1 [not] between **値式** 2 and **値式** 3

[not] は，not を指定する場合と指定しない場合があることを示している.

not がないとき，値式 1 が値式 2 と値式 3 の間にあるかを判定する．値式 1 ＝ 値式 2 および値式 1 ＝ 値式 3 の場合も真である．いずれかの値式がナルの場合は，評価結果は不定である.

not があるときは，not（**値式** 1 between **値式** 2 and **値式** 2）と同じ意味である．この not は論理演算子であり，括弧内の述語の評価結果の真と偽を逆にする.

BETWEEN 述語の例と評価結果が真となる値の範囲を**図 4.3** に示す（黒丸および太線の範囲が真となる）.

図 4.3　BETWEEN 述語が真となる範囲

【Q6】　**日付が，2021 年 5 月の範囲にある注文情報を知りたい**.

```
select * from OrderT
where ODate between '2021-05-01' and '2021-05-31';
```

OrderID	ODate	OCorpID
16002	2021-05-11	B112
16003	2021-05-17	A001

※ つぎの問合せと等価である.

```
select * From OrderT
where ODate >= '2021-05-01' and ODate <= '2021-05-31';
```

※ and については本項（6）を参照.

（3）　**IN 述語**　　複数の値のいずれかとの一致条件を表す.

【書式】　**値式** [not] in（**定数** [, **定数**…]）

[, **定数**…] は，定数を必要な数だけ記述することを示している.

not がないとき，値式が複数の定数のいずれかと一致するかを判定する．値式がナルの場合は，評価結果は不定である.

not があるときは，not（**値式** in（**定数** [, **定数**…]））と同じ意味である．この not は論理演算子であり，括弧内の述語の評価結果の真と偽を逆にする.

IN 述語の例と評価結果が真となる値の範囲を**図 4.4** に示す（黒丸および太線の

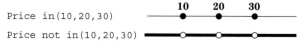

図 4.4 IN 述語が真となる範囲

範囲が真となる).

【Q7】 **商品名がパソコンかノートパソコンの情報を知りたい.**

`select * from DetailT where Item in ('パソコン','ノートパソコン');`

OrderID	Item	Price	Qty
16001	パソコン	100	2
16003	パソコン	90	3
16004	ノートパソコン	190	1

※ つぎの問合せと等価である.

```
select * from DetailT
where Item= 'パソコン' or Item= 'ノートパソコン';
```
※ or については本項（6）を参照.

（4） **LIKE 述語**　　文字列に指定した文字あるいは文字列が含まれているかを判定する.

【書式】　**列名** [not] like **パターン**

notがないとき，列名で指定される列中の文字列が，文字パターンに一致するかどうかを判定する.

列の値がナルの場合は，評価結果は不定である．対象となる列のデータ型は文字列でなければならない．パターンも文字列であり，その文字はつぎのように解釈される.

① パーセント「%」は，0個以上の任意長の任意文字列を表す.

② 下線「_」は，1個の任意文字を表す.

③ それ以外の文字は，その文字自身を表す.

④ パーセント「%」と下線「_」を，その文字として使用する場合は，エスケープ文字「¥」を用いて，「¥%」と下線「¥_」とする.

notがあるときは，not（**列名** like **パターン**）と同じ意味である．このnotは論理演算子であり，括弧内の述語の評価結果の真と偽を逆にする.

【Q8】　秦野市にある会社の情報を知りたい.

select * from CorpT where CorpAddr like '秦野市%';

CorpID	CorpName	CorpAddr
AO11	丹沢商会	秦野市 XX

（5）　**NULL 述語**　NULL 述語はナルの存在を判定する.

【書式】　**列名** is [not] null

　not がないとき, 列名で指定される列の値がナルであれば真となり, ナルでなければ偽となる. したがって, この述語の評価結果は不定にならない.

　not があるときは, not （**列名** is null）と同じ意味である. この not は論理演算子であり, 括弧内の述語の評価結果の真と偽を逆にする.

　※ 演算子は「＝」ではなく, 「is」であることに注意する.

【Q9】　住所がわからない会社の情報を知りたい.

select * from CorpT where CorpAddr is null;

CorpID	CorpName	CorpAddr
B112	中津屋	NULL

（6）　**述語の論理式**　探索条件は, 前述のように述語と論理演算子 and, or, not と評価順序を示す括弧「（　）」を組み合わせた論理式で表現される. 各述語の評価結果は, 真, 偽, 不定の三つの論理値をとる（ただし, NULL 述語は不定とはならない）. したがって, and, or, not の真理値表は, よく知られている真理値表を拡張したつぎのものとなっている.

and	真	偽	不定
真	真	偽	不定
偽	偽	偽	偽
不定	不定	偽	不定

or	真	偽	不定
真	真	真	真
偽	真	偽	不定
不定	真	不定	不定

not	
真	偽
偽	真
不定	不定

　論理式の評価の優先順位は, 括弧, not, and, or の順である. 同順位の演算子は左から右の順で評価される.

　つぎの式の左側と右側は同等である（左側の not は論理演算子であり, 右側の not は各述語としての記述である）.

not X > Y	X <= Y
not X < Y	X >= Y
not X >= Y	X < Y
not X <= Y	X > Y
not X = Y	X <> Y
not X <> Y	X = Y
not between A and B	X not between A and B
not X in Y	X not in Y
not X like Y	X not like Y

論理式を順次評価し，最終的に探索条件が真となった行が出力される．最終的に偽および不定となった行は出力されない．

4.4.3 便利な機能

（1）**算術演算式**   select 句や where 句の述語中の値式として，これまで述べた列名や定数以外に，これらを含む算術演算式を指定できる．算術演算式は，数値データ型に対してのみ指定できる．単項算術演算子，二項算術演算子，および処理順序を指定する括弧「（ ）」を用いて指定する．

　　　単項算術演算子　　＋，－
　　　二項算術演算子　　＋，－，＊，／

単項算術演算子は，値式（列名や定数）の前に置き，＋はその値式の符号が正であることを強調するだけの意味であり，－はその値式の符号を反転する．二項算術演算子は，二つの値式の間に置き，＋，－，＊，／はそれぞれ加算，減算，乗算，除算を指定する．

評価の優先順位は，括弧，単項算術演算子，乗除算，加減算の順である．同順位の演算子は左から右の順で評価される．

算術演算式中の値式が一つでもナルの場合は，算術演算式はナルと評価される．

select 句の値式の後ろに，別名指定「as '別名'」を使用すると名前を置き換えることができる．select 句の値式として算術演算式を使用した場合などに便利である．別名に日本語も使用できる．別名は，order by 句，group by 句，having 句で使用できる．where 句では使用できない．

【Q10】 商品の価格を1円単位で明示して表示したい.
```
select OrderID,Item,Price * 1000,Qty from DeatilT;
```

OrderID	Item	Price * 1000	Qty
16001	テーブルタップ	2000	4
16001	ディスプレイ	45000	2
16001	ハードディスク	50000	1
16001	パソコン	100000	2
16002	**SD**メモリカード	10000	2
16002	ディジタルカメラ	30000	1
16003	パソコン	90000	3
16003	フィルター	6000	2
16004	キャリアー	5000	1
16004	ディスプレイ	40000	3
16004	ノートパソコン	190000	1
16004	バッテリー	9000	1

または

select OrderID,Item,Price * 1000 as '**価格**',Qty from DetailT;

OrderID	Item	価格	Qty
16001	テーブルタップ	2000	4
16001	ディスプレイ	45000	2
16001	ハードディスク	50000	1
16001	パソコン	100000	2
16002	**SD**メモリカード	10000	2
16002	ディジタルカメラ	30000	1
16003	パソコン	90000	3
16003	フィルター	6000	2
16004	キャリアー	5000	1
16004	ディスプレイ	40000	3
16004	ノートパソコン	190000	1
16004	バッテリー	9000	1

※ 値式「Price * 1000」に対し，「as '**価格**'」により，別名として「**価格**」を指定することにより，列名欄が「**価格**」となる．

【Q11】 商品の価格の単位を明示して表示したい．

select OrderID,Item,Price, '**千円**' as '**単位**', Qty from DetaliT;

OrderID	Item	Price	単位	Qty
16001	テーブルタップ	2	千円	4
16001	ディスプレイ	45	千円	2
16001	ハードディスク	50	千円	1
16001	パソコン	100	千円	2
16002	**SD**メモリカード	10	千円	2
16002	ディジタルカメラ	30	千円	1
16003	パソコン	90	千円	3
16003	フィルター	6	千円	2
16004	キャリアー	5	千円	1
16004	ディスプレイ	40	千円	3
16004	ノートパソコン	190	千円	1
16004	バッテリー	9	千円	1

※ select 句に定数「千円」を指定することによって，出力の全行に「千円」が出力される．そして，別名指定「as '**単位**'」の「**単位**」は列名の欄に出力される．

【Q12】　合計価格（価格と数量の積）が 150 以上の注文の情報を知りたい．

```
serect * from DetailT where Price * Qty >=150;
```

OrderID	Item	Price	Qty
16001	パソコン	100	2
16003	パソコン	90	3
16004	ノートパソコン	190	1

【Q13】　注文ごとのディスプレイ購入の合計価格を知りたい．

```
select OrderID,Item,Price * Qty
from DetailT where Item = 'ディスプレイ';
```

OrderID	Item	Price*Qty
16001	ディスプレイ	90
16004	ディスプレイ	120

または

```
select OrderID as '注文番号', Item as '商品名',
Price * Qty as '合計価格' from DetailT where Item ='ディスプレイ';
```

注文番号	商品名	合計価格
16001	ディスプレイ	90
16004	ディスプレイ	120

　（2）　**出力行の重複排除**　　出力する行の重複を排除する．
【書式】　select [{distinct|all}] 列名 [, 列名…]
　{distinct|all} は，distinct または all のいずれか一つを指定することを示している．
　・distinct を指定すると，重複行を除いて出力される．
　・all を指定すると，重複行を除かずに出力される．
　どちらも指定しない場合は，all をつけたのと同等である．
　リレーショナル代数の射影演算は，distinct を指定したのと等価である．

【Q14】　価格が 50 以上の商品名を知りたい．

```
select Item from DetailT where Price >=50;
```

Item
ハードディスク
パソコン
パソコン
ノートパソコン

【Q15】　価格が 50 以上の商品名を，重複を省いて知りたい．

```
select distinct Item from DetailT where Price >=50;
```

Item
ハードディスク
パソコン
ノートパソコン

（3）　**出力行のソート**　　order by 句を使用することにより，出力する行の順序を指定できる．

【書式】　order by 列名 [{asc|desc}] [，**列名** [{asc|desc}] …]

　列名で指定した列の値によって行は順序が定まる．列名は複数指定することも可能である．この場合，左側の列名ほど順序づけの優先度は高い．また，列名のあとに，asc または desc を指定できる．

　・asc が指定された場合は，昇順（ascending）に順序づけられる．
　・desc が指定された場合は，降順（descending）に順序づけられる．
　どちらも指定しない場合は，asc を指定したのと同等である．

【Q16】　注文明細の情報を価格の安い順に整列して知りたい．

```
select OrderID,Item,Price from DetailT order by Price;
```

OrderID	Item	Price
16001	テーブルタップ	2
16004	キャリアー	5
16003	フィルター	6
16004	バッテリー	9
16002	SD メモリカード	10
16002	ディジタルカメラ	30
16004	ディスプレイ	40
16001	ディスプレイ	45
16001	ハードディスク	50
16003	パソコン	90
16001	パソコン	100
16004	ノートパソコン	190

【Q17】 **注文明細の情報を価格の高い順に整列して知りたい.**

```
select OrderID,Item,Price from DetailT order by Price desc;
```

OrderID	Item	Price
16004	ノートパソコン	190
16001	パソコン	100
16003	パソコン	90
16001	ハードディスク	50
16001	ディスプレイ	45
16004	ディスプレイ	40
16002	ディジタルカメラ	30
16002	SD メモリカード	10
16004	バッテリー	9
16003	フィルター	6
16004	キャリアー	5
16001	テーブルタップ	2

4.4.4　集合関数とグループ化

　select 句の値式として集合関数を指定することにより，表中のデータそのものではなく，それらのデータを集計したデータを得ることもできる．また，group by 句を併せて使用することで，グループ化した上で集計することもできる．

　（1）　集合関数　　以下の集合関数が使用できる．

【書式】　count（（[{distinct|all}] **列名** |*））：**総数**

　　　　　sum（[{distinct|all}] **列名**）　　　：**総和**

　　　　　avg（[{distinct|all}] **列名**）　　　：**平均値**

　　　　　max（**列名**）　　　　　　　　　：**最大値**

　　　　　min（**列名**）　　　　　　　　　：**最小値**

　引数は，基本的には列名である．ただし，count だけは引数に「＊」も使用できる．

　sum と avg の引数は数値型のみである．

　・重複行を除いて集計する場合には，列名の前に distinct をつける．

　・重複行を除かずに集計する場合には，列名の前に all をつける．

　distinct，all のいずれもつけない場合は，all をつけたのと同等である．

　avg の場合，distinct をつければ単純平均が求まり，all をつければ加重平均が求まる．

　引数内のナルは無視して計算される．ただし，count（＊）の場合はナルも対象となる．引数が空集合となった場合，count の結果はゼロとなり，他の関数の結果はナルとなる．引数に算術演算式を使用することはできるが，集合関数を使用することはできない．

　where 句の値式に集合関数を使用することはできない．

group by 句を指定しない場合は，select 句は集合関数と定数のみとする．

【Q18】 注文した品目の総数を知りたい．

select count(*) from DetailT;

count(*)
12

【Q19】 注文全体で注文した品目の商品名数（品種数）を知りたい．

select count(distinct Item) as '品種' from DetailT;

品種
10

【Q20】 注文全体で価格の最大値と最小値を知りたい．

select max(Price),min(Price) from DetailT;

max(Price)	min(Price)
190	2

（2） **group by 句**　　対象をグループ化して集計を取りたいときには，group by 句を使用する．

group by 句を使用した場合は，select 句に各グループで一意に定まる値式を指定してもよいが，各グループで一意に定まらない値式を指定してはならない．なお，group by 句を指定しない場合は，select 句は集合関数と定数のみとする．

【書式】 group by 列名 [{asc|desc}] [, 列名 {asc|desc}] …]

列名で指定した列の値によってグループ化される．列名は複数指定することも可能である．また，列名のあとに，asc または desc を指定できる．

・asc が指定された場合は，グループが昇順に順序づけられる．

・desc が指定された場合は，降順に順序づけられる．

asc も desc も指定しない場合は，asc を指定したのと同等である．

【Q21】 注文全体の価格の合計値を知りたい．

select sum(Price * Qty) as '合計価格' from DetailT;

合計価格
1004

※ group by 句を指定しないので，select 句に列名は指定できない．

【Q22】 注文ごとに，価格の小計値を知りたい．

```
select OrderID,sum(Price * Qty) as '小計価格'
from DetailT group by OrderID;
```

OrderID	小計価格
16001	348
16002	50
16003	282
16004	324

 ※ group by 句を指定したので，select 句にグループで一意に定まる列名を指定
   できる．

 ※ データベース設計で計算すればわかる情報は保存しないとしたが，**Q21** と
   Q22 はその情報の出力である（3.3.1 項参照）．

【Q23】 商品名ごとに，価格の平均値を知りたい．

```
select Item,avg(Price) as '平均価格'
from DetailT group by Item;
```

Item	平均価格
テーブルタップ	2.0000
ディスプレイ	42.5000
ハードディスク	50.0000
パソコン	95.0000
SD メモリカード	10.0000
ディジタルカメラ	30.0000
フィルター	6.0000
キャリアー	5.0000
ノートパソコン	190.0000
バッテリー	9.0000

【Q24】 商品名ごとの価格の平均値を，平均値順にソートして知りたい．

```
select Item,avg(Price) as '平均価格'
from DetailT group by Item order by 平均価格 ;
```

Item	平均価格
テーブルタップ	2.0000
キャリアー	5.0000
フィルター	6.0000
バッテリー	9.0000
SD メモリカード	10.0000
ディジタルカメラ	30.0000
ディスプレイ	42.5000
ハードディスク	50.0000
パソコン	95.0000
ノートパソコン	190.0000

【Q25】 **商品名ごとの注文回数を知りたい.**

```
select Item,count(*) as '注文回数' from DetailT group by Item;
```

Item	注文回数
テーブルタップ	1
ディスプレイ	2
ハードディスク	1
パソコン	2
SD メモリカード	1
ディジタルカメラ	1
フィルター	1
キャリアー	1
ノートパソコン	1
バッテリー	1

（3）　**having 句**　　グループ化した表のグループに対する選択条件を与えるのが having 句である. これにより, 条件を満たすグループのみが導出される. すなわち, having 句はグループに対する where 句の役割を果たす. where 句が行を選択するように, having 句はグループを選択する（where 句の探索条件の値式には集合関数を使用することはできない).

【書式】　having **探索条件**

【Q26】 **商品名ごとの価格の平均値を, 平均値の安い順に整列して知りたい. ただし, 平均値が 10 以上のもののみでよい.**

```
select Item,avg(Price) as '平均価格' from DetailT
group by Item having 平均価格 >=10 order by 平均価格;
```

Item	平均価格
SD メモリカード	10.0000
ディジタルカメラ	30.0000
ディスプレイ	42.5000
ハードディスク	50.0000
パソコン	95.0000
ノートパソコン	190.0000

　※ group by 句, having 句, order by 句の順序は変えられない.

4.4.5　結　合　演　算

　二つの表を, 双方の列の値で結びつける演算を**結合演算**（**join**）という. 正規化によって分割した表を結合演算によってもとの表に戻すことができる.

　二つの表で列名が重複しているときは,「表名.列名」のように, 表名と列名を「.」（ドット）でつないで記述する（これをドット表現という）. 重複していなくても, 強調するために使用することも可能である.

（1） **直　積**　　from 句に二つの表を指定して，何ら探索条件をつけないと，二つの表の列を連結し，すべての行を組み合わせた導出表が得られる．これを**直積**（**direct product**）という．

【書式】　select * from **表名** 1, **表名** 2

【Q27】　表「注文」と表「会社」との直積を求める．

select * from OrderT, CorpT;

OrderID	ODate	OCorpID	CorpID	CorpName	CorpAddr
16001	2021-04-15	A011	A011	丹沢商会	秦野市 XX
16002	2021-05-11	B112	A011	丹沢商会	秦野市 XX
16003	2021-05-17	A011	A011	丹沢商会	秦野市 XX
16004	2021-06-23	A012	A011	丹沢商会	秦野市 XX
16001	2021-04-15	A011	A012	大山商店	伊勢原市 YY
16002	2021-05-11	B112	A012	大山商店	伊勢原市 YY
16003	2021-05-17	A011	A012	大山商店	伊勢原市 YY
16004	2021-06-23	A012	A012	大山商店	伊勢原市 YY
16001	2021-04-15	A011	B112	中津屋	NULL
16002	2021-05-11	B112	B112	中津屋	NULL
16003	2021-05-17	A011	B112	中津屋	NULL
16004	2021-06-23	A012	B112	中津屋	NULL
16001	2021-04-15	A011	C113	墨田書店	東京都 ZZ
16002	2021-05-11	B112	C113	墨田書店	東京都 ZZ
16003	2021-05-17	A011	C113	墨田書店	東京都 ZZ
16004	2021-06-23	A012	C113	墨田書店	東京都 ZZ

（2）　**交差結合**　　直積と同等の結合演算が**交差結合**（**cross join**）である．

【書式】　select * from **表名** 1 cross join **表名** 2

【Q28】　表「注文」と表「会社」との交差結合を求める．

select * from OrderT cross join CorpT;

導出表は **Q27** と同じである．

（3）　**内部結合**（**等結合**）　　直積の導出表から，各表の指定した列の値が等しい行を残す結合演算を**内部結合**（**inner join**）あるいは**等結合**（**equi-join**）という．

【書式 1】　select{*| **列名** [, **列名**…]} from **表名** 1 inner join **表名** 2
　　　　on **探索条件**

　この書式を **ANSI 方式**という．

【書式 2】　select{*| **列名** [, **列名**…]} from **表名** 1, **表名** 2 where **探索条件**

　この書式を θ（シータ）**方式**（または**旧形式**）という．

【Q29】 表「注文」と表「会社」との，会社 ID による等結合を求める．

```
select * from OrderT inner join CorpT
on OrderT.OCorpID = CorpT.CorpID;
```

OrderID	ODate	OCorpID	CorpID	CorpName	CorpAddr
16001	2021-04-15	A011	A011	丹沢商会	秦野市 XX
16002	2021-05-11	B112	B112	中津屋	NULL
16003	2021-05-17	A011	A011	丹沢商会	秦野市 XX
16004	2021-06-23	A012	A012	大山商店	伊勢原市 YY

　※ OrderT.OCorpID＝CorpT.CorpID　　では，列名が重複していないので
　　 OCorpID＝CorpID　　としてもよい．

【Q29′】 Q29 を θ 方式で記述する．

```
select * from OrderT,CorpT where OCorpID=CorpID;
```

導出表は **Q29** と同一である．

　θ 方式は基本的であり，つぎのように他の述語と統一的に探索条件が指定できる．一方，ANSI 方式は結合条件を明示するので，後からわかりやすい．

【Q30】 表「注文」と表「会社」との，会社 ID による等結合で，住所が不明でないもののみを知りたい．

```
select * from OrderT,CorpT
where OCorpID=CorpID and CorpAddr is not null;
```

OrderID	ODate	OCorpID	CorpID	CorpName	CorpAddr
16001	2021-04-15	A011	A011	丹沢商会	秦野市 XX
16003	2021-05-17	A011	A011	丹沢商会	秦野市 XX
16004	2021-06-23	A012	A012	大山商店	伊勢原市 YY

【Q31】 表「注文」，表「会社」および表「注文明細」により，もとの第 1 正規形の表を求める．

```
select OrderT.OrderID,ODate,CorpID,CorpName,CorpAddr,Item,
Price,Qty from OrderT,CorpT,DetailT
where OCorpID=CorpID and OrderT.OrderID=DetailT.OrderID;
```

OrderID	ODate	CorpID	CorpName	CorpAddr	Item	Price	Qty
16001	2021-04-15	A011	丹沢商会	秦野市 XX	テーブルタップ	2	4
16001	2021-04-15	A011	丹沢商会	秦野市 XX	ディスプレイ	45	2
16001	2021-04-15	A011	丹沢商会	秦野市 XX	ハードディスク	50	1
16001	2021-04-15	A011	丹沢商会	秦野市 XX	パソコン	100	2
16002	2021-05-11	B112	中津屋	NULL	SD メモリカード	10	2
16002	2021-05-11	B112	中津屋	NULL	ディジタルカメラ	30	1
16003	2021-05-17	A011	丹沢商会	秦野市 XX	パソコン	90	3
16003	2021-05-17	A011	丹沢商会	秦野市 XX	フィルター	6	2
16004	2021-06-23	A012	大山商店	伊勢原市 YY	キャリアー	5	1
16004	2021-06-23	A012	大山商店	伊勢原市 YY	ディスプレイ	40	3
16004	2021-06-23	A012	大山商店	伊勢原市 YY	ノートパソコン	190	1
16004	2021-06-23	A012	大山商店	伊勢原市 YY	バッテリー	9	1

※　このように，正規化した表（図3.12参照）はもとの表（図3.8参照）へ戻せた．この意味で，正規化による分解を情報無損失分解という（3.3.3項参照）．

【Q32】　自分の家族に年上の人がいる X 会員の名前を求める（2.5.4 項 R21 参照）．

```
select distinct XMemberT.Name from XMemberT, XFamilyT
where XMemberT.MemberID＝XFamilyT.MemberID
and XmemberT.Age < XFamilyT.Age;
```

Name
横須賀 浩

（4）　自然結合　　二つの表の同じ名前の列をもとに結合する演算を自然結合（**natural join**）という（2.5.4項（3）参照）．列名を指定しなくても，両表の同じ列名の列によって結合される．

【書式】`select * from 表名1 natural join 表名2`

【Q33】　表「注文」と表「注文明細」の自然結合を求める（OrderID が共通の列名）．

```
select * from OrderT natural join DetailT;
```

OrderID	ODate	OCorpID	Item	Price	Qty
16001	2021-04-15	A011	テーブルタップ	20	4
16001	2021-04-15	A011	ディスプレイ	45	2
16001	2021-04-15	A011	ハードディスク	50	1
16001	2021-04-15	A011	パソコン	100	2
16002	2021-05-11	B112	SD メモリカード	10	2
16002	2021-05-11	B112	ディジタルカメラ	30	1
16003	2021-05-17	A011	パソコン	90	3
16003	2021-05-17	A011	フィルター	6	2
16004	2021-06-23	A012	キャリアー	5	1
16004	2021-06-23	A012	ディスプレイ	40	3
16004	2021-06-23	A012	ノートパソコン	190	1
16004	2021-06-23	A012	バッテリー	9	1

（5）**外部結合**　　内部結合と自然結合では，結合条件を満たす行のみが残され
ている．これに対し，結合条件を満たさない行も残す結合演算が**外部結合（outer**
join）である．対応する値がないフィールド値はナルとなる．

① 条件を満たす行に加えて，右側の表の残りの行を残す結合演算が**右外部結合**
（**right outer join**）である．

【書式】　Select{* | **列名** [, **列名**…]}

　　　　　from **表名**1（**左側**）right [outer] join **表名**2（**右側**）on **探索条件**

outer を省略しても結果は同じである．

【Q34】　表「注文」と表「会社」との**右外部結合**を求める．

select * from OrderT right join CorpT on OCorpID = CorpID;

OrderID	ODate	OCorpID	CorpID	CorpName	CorpAddr
16001	2021-04-15	A011	A011	丹沢商会	秦野市 XX
16002	2021-05-11	B112	B112	中津屋	NULL
16003	2021-05-17	A011	A011	丹沢商会	秦野市 XX
16004	2021-06-23	A012	A012	大山商店	伊勢原市 YY
NULL	NULL	NULL	C113	墨田書店	東京都 ZZ

または

select OrderID,ODate,CorpID,CorpName,CorpAddr
from OrderT right join CorpT on OCorpID = CorpID;

OrderID	ODate	CorpID	CorpName	CorpAddr
16001	2021-04-15	A011	丹沢商会	秦野市 XX
16002	2021-05-11	B112	中津屋	NULL
16003	2021-05-17	A011	丹沢商会	秦野市 XX
16004	2021-06-23	A012	大山商店	伊勢原市 YY
NULL	NULL	C113	墨田書店	東京都 ZZ

※ 導出表の最後の行に注目してほしい．このように，外部結合によって，第2
　正規形では入力できなかった「まだ注文のない会社」の情報を入力したかの
　ような導出表を作成できる（図3.10参照）．

② 条件を満たす行に加えて，左側の表の残りの行を残す結合演算が**左外部結合**
（**left outer join**）である．

【書式】　select{* | **列名** [, **列名**…]}

　　　　　from **表名**1（**左側**）left [outer] join **表名**2（**右側**）on **探索条件**

outer を省略しても結果は同じである．

　この例は例題データベースでは実行できないので，ある研究室の卒業生名簿（一
部抜粋）を使用して実行例を示す．

表「卒業生名簿」

卒業年度	学位	氏名	受賞ID
27	学士	AaA	NULL
27	学士	BbB	NULL
27	修士	KoM	1
28	学士	CcC	NULL
28	修士	DdD	NULL
28	学士	SuR	4
29	学士	BaE	4
29	学士	EeE	NULL
29	学士	FfF	NULL
29	修士	GgG	NULL
29	学士	KaM	3
29	修士	SaY	1

表「表彰一覧」

賞ID	表彰名称	学位	説明
1	永井工学賞	修士	1位
2	修士修了生総代	修士	2位
3	学長賞	学士	1位
4	松川サク工業賞	学士	2位
5	卒業生総代	学士	3位

【Q35】 表「卒業生名簿」と表「表彰一覧」との左外部結合を使って「受賞ID」を「表彰名称」に代えた表を求める．

```
select 卒業年度, 学位, 氏名, 表彰名称
from 卒業生名簿 left join 表彰一覧 on 受賞ID＝賞ID;
```

卒業年度	学位	氏名	表彰名称
27	学士	AaA	NULL
27	学士	BbB	NULL
27	修士	KoM	永井工学賞
28	学士	CcC	NULL
28	修士	DdD	NULL
28	学士	SuR	松川サク工業賞
29	学士	BaE	松川サク工業賞
29	学士	EeE	NULL
29	学士	FfF	NULL
29	修士	GgG	NULL
29	学士	KaM	学長賞
29	修士	SaY	永井工学賞

【参考】 内部結合

```
select 卒業年度, 学位, 氏名, 表彰名称
from 卒業生名簿 join 表彰一覧 on 受賞ID＝賞ID;
```

卒業年度	学位	氏名	表彰名称
27	修士	KoM	永井工学賞
28	学士	SuR	松川サク工業賞
29	学士	BaE	松川サク工業賞
29	学士	KaM	学長賞
29	修士	SaY	永井工学賞

※ 受賞IDを表彰名称に代えるために内部結合を使用すると，受賞していない人の行が消えてしまう．それに対して，左外部結合を使用すると，全員の行を残した上で，受賞IDを表彰名称に代えることができる．

（6）　**自己結合**　　一つの表があたかも別々に二つ存在するとして，それらを結合する演算を**自己結合**（**self-join**）という．

【書式】　select{*| 列名 [, 列名…]}

　　　　from **表名　相関名**1, **表名　相関名**2 where **探索条件**

　あたかも存在する二つの表を区別するために，from 句で**相関名**という表の別名（**Q36** ではLとR）を定義する．相関名はこの用途以外に，単に表名を簡単化するために使用してもよい．相関名は表名と同じように，「.」で列名とつないで，select 句，where 句などで使用する．

【Q36】　表「**X会員**」に，**各会員の所属するグループのリーダの名前と年齢を追加した情報を得る**（2.5.4項**R22**参照）．

select L.MemberID,L.Name,L.Age,L.GName,L.GLeaderID,R.Name,
R.Age from XmemberT L,XMemberT R
where L.GLeaderID＝R.MemberID;

MemberID	Name	Age	GName	GreaderID	Name	Age
X001	横浜　優一	36	A	X003	厚木　広光	26
X002	横須賀　浩	18	A	X003	厚木　広光	26
X003	厚木　広光	26	A	X003	厚木　広光	26
X004	川崎　一宏	31	B	X005	秦野　義隆	42
X005	秦野　義隆	42	B	X005	秦野　義隆	42
X006	鎌倉　雄介	22	B	X005	秦野　義隆	42
X007	逗子　哲	39	B	X005	秦野　義隆	42

　※　この from 句では，XMemberT という表名にL, R という相関名を与えている．

【Q37】　表「**X会員**」において，**各グループの名前とリーダの名前と年齢を得る**（2.5.4項**R23**参照）．

select distinct L.GName,R.Name,R.Age
from XMemberT L, Xmember R where L.GLeaderID＝R.MemberID;

GName	Name	Age
A	厚木　広光	26
B	秦野　義隆	42

　※　これは**Q2**の結果を利用してつぎのようにも求められる．このように発想を変えれば簡単に求められることもある．

select GName,Name,Age from XMemberT
where MemberID＝GLeaderID;

【Q38】 表「X 会員」において，各会員の所属するグループのリーダより年齢の若い会員の名前と年齢およびリーダの名前と年齢を得る（2.5.4項 **R24** 参照）．

```
select L.Name,L.Age,R.Name,R.Age from XmemberT L,XMemberT R
where L.GLeaderID=R.MemberID and L.Age < R.Age;
```

Name	Age	Name	Age
横須賀 浩	18	厚木 広光	26
川崎 一宏	31	秦野 義隆	42
鎌倉 雄介	22	秦野 義隆	42
逗子 哲	39	秦野 義隆	42

4.4.6 集 合 演 算

　二つの問合せの導出表の集合演算を求める．集合演算には，和集合演算，共通集合演算，差集合演算があるが，MySQL の現バージョンでは，直接的には和集合演算のみがサポートされている．共通集合演算と差集合演算は副問合せを用いて求めることができる（4.4.7項（5）参照）．

【書式】 問合せ式 union 問合せ式

　二つの問合せの導出表の和集合を求める．二つの導出表の重複した行は1行になる．二つの導出表の列数が同じであることが必要である．

【Q39】 二つの会員名簿の和集合を求めたい（2.5.3項 **R1** 参照）．

```
select * from XmemberT union select*from YmemberT;
```

MemberID	Name	Age	GName	GLeaderID
S001	葉山 剛史	25	NULL	NULL
S002	三浦 智士	27	NULL	NULL
X001	横浜 優一	36	A	X003
X002	横須賀 浩	18	A	X003
X003	厚木 広光	26	A	X003
X004	川崎 一宏	31	B	X005
X005	秦野 義隆	42	B	X005
X006	鎌倉 雄介	22	B	X005
X007	逗子 哲	39	B	X005
Y001	森里 拓夢	30	C	Y001
Y002	上荻野 亮	30	C	Y001

【Q40】 **意味のない和集合の例（列数は等しいがドメインが異なる）.**

```
select * from OrderT union select * from CorpT;
```

OrderID	ODate	OCorpID
16001	2021-04-15	A011
16002	2021-05-11	B112
16003	2021-05-17	A011
16004	2021-06-23	A012
A011	丹沢商会	秦野市 XX
A012	大山商店	伊勢原市 YY
B112	中津屋	NULL
C113	墨田書店	東京都 ZZ

4.4.7　副　問　合　せ

探索条件の中に問合せを指定して，問合せを**入れ子**（階層的）にすることができる．この入れ子は，幾重にも繰り返すことができる．探索条件の中に指定する問合せを**副問合せ**という．述語中で他の一つの値と比較するために，副問合せの出力は，1列としなければならない．副問合せはつぎの述語の中で指定できる．副問合せは「（　）」でかこむ．

　　　　比較述語　　　IN 述語　　　限定述語　　　EXISTS 述語

比較述語と IN 述語では，通常の述語の右側の値式に副問合せを指定する．限定述語と EXISTS 述語は副問合せでのみ使用できる．

（1）　比較述語

【書式】　値式　比較演算子（副問合せ）

通常の比較述語の右側の値式に副問合せの結果が用いられる．値式と比較するために，副問合せの結果は 1 列かつ 1 行（一つの値）でなければならない．

①　外への参照がない副問合せ

【Q41】 **全 X 会員のすべての家族の平均年齢以上の年齢である X 会員を知りたい.**

```
select * from XmemberT where Age >=
(select avg(Age) from XFamilyT);
```

MemberID	Name	Age	GName	GLeaderID
X001	横浜　優一	36	A	X003
X005	秦野　義隆	42	B	X005
X007	逗子　哲	39	B	X005

Q41 では副問合せで全家族の平均年齢を取得して，その値を使って主問合せを実行する．

このように副問合せの述語の中で，外側の主問合せの from 句で指定される表の列の値を使用しない副問合せを**外への参照がない副問合せ**という（**図 4.5**（a）参照）.

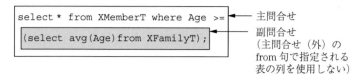

（a）　外への参照がない副問合せ

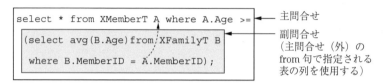

（b）　外への参照がある副問合せ

図 4.5　副問合せの記述例

　この場合，副問合せは，主問合せとは独立に 1 回処理を行い，結果 32 を得る．
その 32 を用いて主問合せを処理する（**図 4.6**（a）参照）．

主問合せで指定される表／列／値		副問合せで指定される表／列／値	副問合せの出力（1 回だけ出力）	主問合せの探索条件の評価	出力
XMemberT		XFamilyT			
MemberID	Age	Age			
		30			
		4	32		
		44			
		42	↓		
		40			
X001	36			真	X001
X002	18			偽	—
X003	26			偽	—
X004	31		32	偽	—
X005	42			真	X005
X006	22			偽	—
X007	39			真	X007

（a）　外への参照がない副問合せ

図 4.6　副問合せの処理課程例（1/2）

主問合せで指定される表／列／値		副問合せで指定される表／列／値（外で参照する値と比較する）		主問合せの探索条件の評価		出力
				副問合せの出力		
XMemberT A		XFamilyT B		副問合せの探索条件の評価	（主問合せの各行ごとに出力）	
A.MemberID	A.Age	B.MemberID	B.Age			
X001	36	X001	30	真	17	真　X001
		X001	4	真		
		X002	44	偽		
		X002	42	偽		
		X005	40	偽		
X002	18	X001	30	偽	43	偽　―
		X001	4	偽		
		X002	44	真		
		X002	42	真		
		X005	40	偽		
X003	26	X001	30	偽	NULL	不定　―
		X001	4	偽		
		X002	44	偽		
		X002	42	偽		
		X005	40	偽		
X004	31	X001	30	偽	NULL	不定　―
		X001	4	偽		
		X002	44	偽		
		X002	42	偽		
		X005	40	偽		
X005	42	X001	30	偽	40	真　X005
		X001	4	偽		
		X002	44	偽		
		X002	42	偽		
		X005	40	真		
X006	22	X001	30	偽	NULL	不定　―
		X001	4	偽		
		X002	44	偽		
		X002	42	偽		
		X005	40	偽		
X007	39	X001	30	偽	NULL	不定　―
		X001	4	偽		
		X002	44	偽		
		X002	42	偽		
		X005	40	偽		

（ｂ）　外への参照がある副問合せ

図4.6　副問合せの処理過程例（2/2）

【Q42】 表「注文明細」において，価格の平均値以上の価格を有する商品の情報を求めたい.

```
select * from DetailT where Price >=
(select avg(Price) from DetailT);
```

OrderID	Item	Price	Qty
16001	パソコン	100	2
16001	ハードディスク	50	1
16003	パソコン	90	3
16004	ノートパソコン	190	1

② 外への参照がある副問合せ

【Q43】 自分の家族の平均年齢以上の年齢である X 会員を知りたい.

```
select * from XMemberT A where A.Age >=
(select avg(B.Age) from XFamilyT B
where B.MemberID＝A.MemberID);
```

MemberID	Name	Age	GName	GLeaderID
X001	横浜 優一	36	A	X003
X005	秦野 義隆	42	B	X005

　Q41 の主問合せでは，全家族の平均年齢という単一の値と比較すればよかったのに対して，**Q43** の主問合せでは，会員のそれぞれによって比較する値が異なる. 例えば，会員 ID が X001 の会員であれば会員 ID が X001 の家族の平均年齢と，会員 ID が X002 の会員であれば会員 ID が X002 の家族の平均年齢と比較する必要がある. このため，**Q43** の副問合せの比較述語で，家族の会員 ID（XFamilyT. MemberID，または相関名を用いて B.MemberID）と主問合せで判定したい会員（**候補行**という）の会員 ID（XMemberT.MemberID，または相関名を用いて A.MemberID）を比較して一致した家族の平均年齢を求めている. ここで候補行とは，主問合せで判定される行のことである. 条件が成立した場合に出力結果となることから，結果の「候補」という意味で使われている.

　このように副問合せの述語の中で，外側の主問合せの from 句で指定される表の列を使用する副問合せを**外への参照がある副問合せ**または**相関副問合せ**という（図 4.5（b）参照）.

　この場合，副問合せは，主問合せの from 句の表の候補行ごとに会員 ID をもらいながら SQL を実行する. その候補行ごとの結果を用いて主問合せを処理する（図 4.6（b）参照）. 例えば候補行の会員 ID が X001 の場合の副問合せの結果は 17, 会員 ID が X002 の場合の副問合せの結果は 43, 会員 ID が X003 の場合は家族がい

ないので副問合せの結果は NULL である.

　外への参照のある副問合せは，比較述語においてだけでなく，他の述語において
も使用できる.

★　外への参照がある副問合せの処理の説明

　図 4.6（b）により外への参照がある副問合せの処理を説明する（問合せのネス
トを説明文のインデントに対応させている）.

　　主問合せの from 句で指定される表の第 1 行から値（A.MemberID:X001,A.
　Age:36）を取り出し，副問合せの処理に入る.
　　　　副問合せにおいては，外からもらった値（A.MemberID:X001）を用い
　　　て，述語 B.MemberID＝A.MemberID が真となる行（すなわち，
　　　B.MemberID:X001）の B.Age（30 と 4）の平均値 avg(B.Age)（す
　　　なわち，17）を求め，この平均値を主問合せへ返す.
　　主問合せでは，述語 A.Age＞＝avg(B.Age) が真となり，第 1 行を出力する.
　　つぎに主問合せの from 句で指定される表の第 2 行から値（A.MemberID:X002,
　　A.Age:18）を取り出し，副問合せの処理に入る.
　　以下，同様に繰り返すので，説明を省略する.

【Q44】　表「注文明細」において，注文ごとの平均価格より高い価格を有する商品
　　　　の情報を求めたい.

```
select * from DetailT A
where A.Price > (select avg(B.Price) from DetailT B
where B.OrderID＝A.OrderID);
```

OrderID	Item	Price	Qty
16001	ハードディスク	50	1
16001	パソコン	100	2
16002	ディジタルカメラ	30	1
16003	パソコン	90	3
16004	ノートパソコン	190	1

（2）　IN 述語

【書式】　値式 [not] in 副問合せ

　通常の IN 述語の右側の値式に副問合せの結果が用いられる. IN 述語は複数の値
と比較できるため，副問合せの結果は 1 列であれば複数行（複数の値）でもよい.

【Q45】 表「注文明細」において，表「パソコンセット」（の構成要素）の注文の情報を知りたい．

```
select * from DetailT
where Item in (select Item from PCsetT);
```

OrderID	Item	Price	Qty
16001	ディスプレイ	45	2
16001	パソコン	100	2
16003	パソコン	90	3
16004	ディスプレイ	40	3

【Q46】 表「注文明細」において，表「パソコンセット」（の構成要素）以外の注文の情報を知りたい．

```
select * from DetailT
where Item not in (select Item from PCsetT);
```

OrderID	Item	Price	Qty
16001	テーブルタップ	2	4
16001	ハードディスク	50	1
16002	SD メモリカード	10	2
16002	ディジタルカメラ	30	1
16003	フィルター	6	2
16004	キャリアー	5	1
16004	ノートパソコン	190	1
16004	バッテリー	9	1

（3）**限定述語**　副問合せの結果が複数行の場合，比較する行を限定して値式と比較する．

【書式】　値式 比較演算子 {all｜any｜some}（副問合せ）

　all が指定されたときは，副問合せの結果のすべての値に対して，比較述語「値式 比較演算子 （副問合せ）」が真のときに，限定述語は真となる．

　any が指定されたときは，副問合せの結果の**少なくとも一つ**の値に対して，比較述語「値式 比較演算子 （副問合せ）」が真のときに，限定述語は真となる．

　some が指定されたときは，any が指定された場合と同じである．

【Q47】 注文番号 16003 の注文における商品のすべての価格より高い商品名を知りたい（「注文番号 16003 の注文における商品の最高価格より高い商品名を知りたい」と等価である）．

```
select * from DetailT
where Price > all (select Price from detailT
where OrderID='16003');
```

OrderID	Item	Price	Qty
16001	パソコン	100	2
16004	ノートパソコン	190	1

【Q48】 注文番号 16003 の注文における商品のどれかの価格より高い商品名を知りたい（「注文番号 16003 の注文における商品の最低価格より高い商品名を知りたい」と等価である）.

```
select * from DetailT
where Price > any (select Price from DetailT
where OrderID='16003');
```

OrderID	Item	Price	Qty
16001	ディスプレイ	45	2
16001	ハードディスク	50	1
16001	パソコン	100	2
16002	SD メモリカード	10	2
16002	ディジタルカメラ	30	1
16003	パソコン	90	3
16004	ディスプレイ	40	3
16004	ノートパソコン	190	1
16004	バッテリー	9	1

（4）　**EXISTS 述語**　　副問合せの結果の出力があるかどうかを判定する.

【書式】 exists（**副問合せ**）

　副問合せの結果の出力がある場合に真となり，出力がない場合に偽となる. 副問合せの出力そのものを使用しないので，select 句の値式は何であってもよい（「select *」，「select 1」などを使用してもよい）.

【Q49】 注文内容にパソコンを含んでいる注文の明細を知りたい.

```
select * from DetailT A
where exists (select * from DetailT B
where B.Item='パソコン' and B.OrderID=A.OrderID);
```

OrderID	Item	Price	Qty
16001	テーブルタップ	2	4
16001	ディスプレイ	45	2
16001	ハードディスク	50	1
16001	パソコン	100	2
16003	パソコン	90	3
16003	フィルター	6	2

※ 外への参照のある副問合せである．

【Q50】 注文内容にパソコンを含んでいない注文の明細を知りたい．

```
select * from DatailT A
where not exists (select * from DetailT B
where B.Item='パソコン' and B.OrderID=A.orderID);
```

OrderID	Item	Price	Qty
16002	**SD** メモリカード	10	2
16002	ディジタルカメラ	30	1
16004	キャリアー	5	1
16004	ディスプレイ	40	3
16004	ノートパソコン	190	1
16004	バッテリー	9	1

※ 外への参照のある副問合せである．

※ 「not exists」の not は論理演算子である．

（5）　**集合演算**　　集合演算の和集合演算は 4.4.6 項で説明した．残りの共通集合演算と差集合演算は，IN 述語または EXISTS 述語を使用して実行できる．

【Q51】 **X 会員**であり **Y 会員**である人を知りたい（表「**X 会員**」と表「**Y 会員**」との共通集合を求める）．（2.5.3 項 **R2** 参照）

```
select * from XMemberT
where MemberID in (select MemBerID from YMemberT);
```
または
```
select * from XMemberT X where exists
(select * from YMemberT Y where Y.MemberID=X.MemberID);
```

MemberID	Name	Age	GName	GLeaderID
S001	葉山 剛史	25	NULL	NULL
S002	三浦 智士	27	NULL	NULL

【Q52】 **X 会員**であるが **Y 会員**でない人を知りたい（表「**X 会員**」と表「**Y 会員**」との差集合を求める）．（2.5.3 項 **R3** 参照）

```
select * from XMemberT
where MemberID not in (select MemberID from YMemberT);
```
または
```
select * from XMemberT X where not exists
(select * from YMemberT Y where Y.MemberID＝X.MemberID);
```

MemberID	Name	Age	GName	GLeaderID
X001	横浜　優一	36	A	X003
X002	横須賀　浩	18	A	X003
X003	厚木　広光	26	A	X003
X004	川崎　一宏	31	B	X005
X005	秦野　義隆	42	B	X005
X006	鎌倉　雄介	22	B	X005
X007	逗子　哲	39	B	X005

（6）　**商演算**　2.5.3項（8）で説明した**被除表（出力列，比較列）を除表（比較列）で割る商演算**，および2.5.4項（1）で説明した**被除表（出力列，比較列，付随列）を除表（比較列，付随列）で割る商演算（拡張定義）**は，どちらも**図4.7のSQL**で求めることができる．このSQLは，出力列と比較列がそれぞれ1列の場合であるが，これらが複数列からなる場合は4.4.8項において説明する．

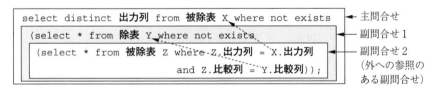

図4.7　商演算を実行するSQL

※　図4.7のSQLは，主問合せの被除表から候補行を取り出して，その出力列の値と同じ値の出力列の値を持つ被除表の他の行において，被除表の比較列の値が，除表の比較列に含まれる値をすべて持つかを順次調べ，それが成立すればその候補行を出力している．これは，被除表を出力列の値でグループ化し，そのグループの比較列が除表の比較列の値をすべて持つかを調べ，成立するグループの出力列を出力することになり，商演算の定義に等しい（本項**Q53**の処理の説明を参照すると理解しやすい）．

【**Q53**】　**注文にパソコンセットを含んでいる注文の注文番号を知りたい**（表「注文明細」を表「パソコンセット」で割る商演算（拡張定義；2.5.4項（1）参照）に相当する）．

```
select distinct OrderID from DetailT X where not exists
  (select * from PCsetT Y where not exists
    (select * from DetailT Z
     where Z.OrderID=X.OrderID and Z.Item=Y.Item));
```

OrderID
16001

　ここで，商演算が適用できる被除表，除表および商の関係について説明する．被除表「注文明細」，除表「パソコンセット」，および商を**図 4.8**（a）に再掲する．そして，これらの関係を 3.2 節で説明した ER 図で表現すると図 4.8（b）となる．被除表「注文明細」は多対多の関連型に対応する表である．ただし，この関連型の右側の実体型に対応する表「商品一覧」は例題データベースにおいては省略されている．この「商品一覧」の主キーである列「商品名」のデータの部分集合が除表「パソコンセット」のデータとなっている．そして関連型の左側の実体型に対応する表「注文」の主キーである列「注文番号」のデータの部分集合が商となっている．

注文明細　DetailT　【被除表】

出力列	比較列	付随列	付随列
注文番号	商品名	価格	数量
OrderID	Item	Price	Quantity
16001	パソコン	100	2
16001	ハードディスク	50	1
16001	テーブルタップ	2	4
16001	ディスプレイ	45	2
16002	ディジタルカメラ	30	1
…	…	…	…
16004	ディスプレイ	40	3

パソコンセット　PCsetT　【除表】

比較列
商品名
Item
パソコン
ディスプレイ

【商】

出力列
注文番号
OrderID
16001

（a）　被除表，除表，商

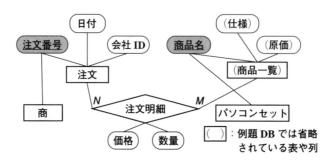

（b）　対応する ER 図

図 4.8　Q53 の被除表，除表，商と対応する ER 図

主問合せで参照される表／列／値	副問合せ1で参照される表／列／値	副問合せ2で参照される表／列／値（外で参照する値と比較する）		副問合せ2の探索条件の評価	副問合せ1の探索条件の評価	主問合せの探索条件の評価	出力
DetailT X	PCsetT Y	DetailT Z					
X.OrderID	Y.Item	Z.OrderID	Z.Item				
16001	パソコン	16001	パソコン	真	偽	真	16001
		16001	ハードディスク	偽			
		16001	テーブルタップ	偽			
		16001	ディスプレイ	偽			
		16002	ディジタルカメラ	偽			
		16002	SD メモリカード	偽			
		16003	フィルター	偽			
		16003	パソコン	偽			
		16004	ノートパソコン	偽			
		16004	キャリアー	偽			
		16004	バッテリー	偽			
		16004	ディスプレイ	偽			
	ディスプレイ	16001	パソコン	偽	偽		
		16001	ハードディスク	偽			
		16001	テーブルタップ	偽			
		16001	ディスプレイ	真			
		16002	ディジタルカメラ	偽			
		16002	SD メモリカード	偽			
		16003	フィルター	偽			
		16003	パソコン	偽			
		16004	ノートパソコン	偽			
		16004	キャリアー	偽			
		16004	バッテリー	偽			
		16004	ディスプレイ	偽			
16002	パソコン	16001	パソコン	偽	真	偽	—
		16001	ハードディスク	偽			
		16001	テーブルタップ	偽			
		16001	ディスプレイ	偽			
		16002	ディジタルカメラ	偽			
		16002	SD メモリカード	偽			
		16003	フィルター	偽			
		16003	パソコン	偽			
		16004	ノートパソコン	偽			
		16004	キャリアー	偽			
		16004	バッテリー	偽			
		16004	ディスプレイ	偽			
	ディスプレイ	16001	パソコン	偽	真		
		16001	ハードディスク	偽			
		16001	テーブルタップ	偽			
		16001	ディスプレイ	偽			
		16002	ディジタルカメラ	偽			
		16002	SD メモリカード	偽			
		16003	フィルター	偽			
		16003	パソコン	偽			
		16004	ノートパソコン	偽			
		16004	キャリアー	偽			
		16004	バッテリー	偽			
		16004	ディスプレイ	偽			

図 4.9　商演算の処理過程例（1/2）

主問合せで参照される表／列／値	副問合せ1で参照される表／列／値	副問合せ2で参照される表／列／値（外で参照する値と比較する）		主問合せの		
				副問合せ1の	探索条件の評価	出力
DetailT X	PCsetT Y	DetailT Z		副問合せ2の探索条件の評価	探索条件の評価	
X.OrderID	Y.Item	Z.OrderID	Z.Item			
16003	パソコン	16001	パソコン	偽	偽	偽	—
		16001	ハードディスク	偽			
		16001	テーブルタップ	偽			
		16001	ディスプレイ	偽			
		16002	ディジタルカメラ	偽			
		16002	SDメモリカード	偽			
		16003	フィルター	偽			
		16003	パソコン	真			
		16004	ノートパソコン	偽			
		16004	キャリアー	偽			
		16004	バッテリー	偽			
		16004	ディスプレイ	偽			
	ディスプレイ	16001	パソコン	偽	真		
		16001	ハードディスク	偽			
		16001	テーブルタップ	偽			
		16001	ディスプレイ	偽			
		16002	ディジタルカメラ	偽			
		16002	SDメモリカード	偽			
		16003	フィルター	偽			
		16003	パソコン	偽			
		16004	ノートパソコン	偽			
		16004	キャリアー	偽			
		16004	バッテリー	偽			
		16004	ディスプレイ	偽			
16004	パソコン	16001	パソコン	偽	真	偽	—
		16001	ハードディスク	偽			
		16001	テーブルタップ	偽			
		16001	ディスプレイ	偽			
		16002	ディジタルカメラ	偽			
		16002	SDメモリカード	偽			
		16003	フィルター	偽			
		16003	パソコン	偽			
		16004	ノートパソコン	偽			
		16004	キャリアー	偽			
		16004	バッテリー	偽			
		16004	ディスプレイ	偽			
	ディスプレイ	16001	パソコン	偽	偽		
		16001	ハードディスク	偽			
		16001	テーブルタップ	偽			
		16001	ディスプレイ	偽			
		16002	ディジタルカメラ	偽			
		16002	SDメモリカード	偽			
		16003	フィルター	偽			
		16003	パソコン	偽			
		16004	ノートパソコン	偽			
		16004	キャリアー	偽			
		16004	バッテリー	偽			
		16004	ディスプレイ	真			

図 4.9　商演算の処理過程例（2/2）

このように，多対多の関連型に対応する表が被除表となり，この関連型の両側の実体型に対応する表（またはその部分集合）が除表または商になる（除表と商の役割が交代する例もあることを4.4.8項において説明する）．

関連型に対応する表の主キーは両側の実体型のキーの複合主キーであり，その複合主キーの一方が出力列であり他方が比較列となっている．

★ 商演算の処理の説明

商演算が前記の SQL で処理されることは簡単に理解しにくいので，**図4.7と図4.9**により，**Q53**の商演算の処理を説明する（問合せのネストを文章のインデントに対応させている）．

主問合せの from 句で指定される表（DetaiIT X）の第1行から値（X.OrderId:16001）を取り出し，副問合せ1の処理に入る．

　　副問合せ1では，その from 句で指定される表（PCsetT Y）の第1行から値（Y.Item:パソコン）を取り出し，副問合せ2の処理に入る．

　　　　副問合せ2では，外からもらった二つの値（X.orderID:16001とY.Item:パソコン）を用いて，二つの述語（Z. OrderID＝X.OrderID と Z.Item＝Y.Item）の評価を行い，ともに真となる行があるため，それを出力する．

　　この結果，副問合せ1の探索条件（not exists）は，副問合せ2からの出力があるので，第1行において偽となる．

　　つぎに，第2行から値（Y.Item:ディスプレイ）を取り出し，副問合せ2の処理に入る．

　　　　副問合せ2では，外からもらった二つの値（X.OrderID:16001とY.Item:ディスプレイ）を用いて，二つの述語（Z.OrderID＝X.OrderID と Z.Item＝Y.Item）の評価を行い，ともに真となる行があるため，それを出力する．

　　この結果，副問合せ1の探索条件（not exists）は，副問合せ2からの出力があるので，第2行において偽となる．

　　● したがって，副問合せ1からの出力はない．

この結果，主問合せの探索条件（not exists）は，副問合せ1からの出力がないので真となり，第1行の値（X.OrderID:16001）を出力する．つぎに，第2行から値（X.OrderID:16002）を取り出し，副問合せ1の処理に入る．

　　副問合せ1では，その from 句で指定される表（PCsetT Y）の第1行から値（Y.Item:パソコン）を取り出し，副問合せ2の処理に入る．

　　　　副問合せ2では，外からもらった二つの値（X.OrderID:16002とY.Item:パソコン）を用いて，二つの述語（Z.OrderID＝X.OrderID と Z.Item＝Y.Item）の評価を行い，ともに真となる行が存在しない．

　　この結果，副問合せ1の探索条件（not exists）は，副問合せ2から

の出力がないので，第1行において真となる．

つぎに，第2行から値（`Y.Item`：ディスプレイ）を取り出し，副問合せ2の処理に入る．

　　副問合せ2では，外からもらった二つの値（`X.OrderID`：16002 と `Y.Item`：ディスプレイ）を用いて，二つの述語（`Z.OrderID`＝`X.OrderID` と `Z.Item`＝`Y.Item`）の評価を行い，ともに真となる行が存在しない．

この結果，副問合せ1の探索条件（not exists）は，副問合せ2からの出力がないので，第2行において真となる．

●したがって，副問合せ1からは，第1行と第2行が出力される．

この結果，主問合せの探索条件（not exists）は，副問合せ1からの出力があるので偽となり，第2行の値（`X.OrderID`：16002）は出力しない．

つぎに，第3行から値（`X.orderID`：16003）を取り出し，副問合せ1の処理に入る．以下，同様に繰り返すので，説明を省略する．

※ 要するに，DetailT から1行取り出して，その行の列 OrderID の値と同じ値の列 OrderID の値を持つ DetailT の他の行において，DetailT の列 Item が PCsetT に含まれる値をすべて持つかを順次調べ，それが成立すればその行を出力している．これは，DetailT を列 OrderID の値でグループ化し，そのグループの列 Item が PCsetT の値をすべて持つかを調べ，成立するグループの列 OrderID を出力することになり，商演算の定義に等しい．

商演算におけるリレーショナル代数の定義と SQL の記述

　二重の not exists を使った SQL の処理結果が商になることは，前述の説明のとおりである．

　リレーショナル代数の定義と SQL の宣言的な記述である述語は対応しており，つぎの選択演算の例などは理解しやすい．

　　【定義】　$R[A=c]=\{t\,|\,t\in R \land t[A]=c\}$

　　【SQL】　`select * from R where A＝c`

しかし，つぎの商演算の定義と SQL の述語の対応は理解しにくい．

　　【定義】　$R(A,B)\div S(B)=\{t\,|\,t\in R[A]\land(\forall u\in S)((t,u)\in R)\}$

　　【SQL】
```
select distinct A from R X where not exists
    (select * from S Y where not exists
      (select * from R Z
        where Z.A＝X.A and Z.B＝Y.B));
```

　この定義にある全称記号を使った「$(\forall u\in S)((t,u)\in R)$」は「除表 S のすべての行 u に対して行 (t,u) は被除表 R に存在する」という意味である．これは論理否定と存在記号を使って「$\lnot((\exists u\in S)(\lnot((t,u)\in R)))$」と変形できる．これは「行 (t,u) が被除表 R に存在しない行 u は除表 S に存在しない」を意味している．これを使用すると商の定義はつぎのように変形できる．

【定義2】　$R(A, B) \div S(B) = \{t \mid t \in R[A] \land (\neg \exists u \in S)(\neg(t, u) \in R)\}$

このように定義を変形すると，SQL の二重の not exists との対応は，少しは理解しやすくなる[†].

4.4.8　商演算の多角的活用

本項では出力列と比較列がそれぞれ複数列の場合の商演算について説明する．このような商演算は例題データベースでは説明できないので，ここでは複数種の自動車を複数の販売店で分担して販売する業務を例として説明する．この業務で使用するデータベースの ER 図および表を**図4.10**（a）に示す．

出力列と比較列がそれぞれ複数列の場合の商演算は，図4.7 に示した SQL を拡張して，つぎの SQL で実行できる．

select distinct **出力列** 1 [, **出力列** 2 …]

from **被除表** X where not exists

(select * from **除表** Y where not exists

(select * from **被除表** Z

 where Z. **出力列** 1 = X. **出力列** 1 [and Z. **出力列** 2 = X. **出力列** 2 …]

 and Z. **比較列** 1 = Y. **比較列** 1 [and Z. **比較列** 2 = Y. **比較列** 2 …]));

この例では，以下の問合せを商演算の SQL で実行できる（図4.10（b）参照）．

（1）　すべての自動車（車種，スタイル）を販売している地域，販売店名は？

（2）　すべての地域，販売店で販売されている自動車（車種，スタイル）は？

このように商演算では，多対多の関連型に対応する表（販売車）が被除表に，その関連型の両側の実体型に対応する表（販売店，自動車）のいずれかが除表になる．多対多の関連型に対応する表の主キーは両側の実体型の主キーの集合（複合主キー）であるので，除表となった実体型に対応する表の主キーが商演算における比較列となる．そして除表に対応する実体型の反対側の実体型に対応する表の主キーが商演算の出力列となる．このように，被除表となる表は，多対多の関連型に対応する直積またはその部分集合の表である．

つぎのように，関連型の両側の実体型に対応する表の部分集合の表（特別自動車）を除表にすることもできる．4.4.7 項の **Q53** はこの場合に相当している．

（3）　すべての特別自動車（車種，スタイル）を販売している地域，販売店名は？

さらに，出力列や比較列が複数の場合は，下記のように必要に応じてそれらの一部を除外して付随列とすることもできる．出力列を減らした場合は被除表の比較するグループが大きくなり，比較列を減らした場合は一致する条件が緩くなるので，

[†]　神奈川工科大学 五百蔵重典教授との議論による．

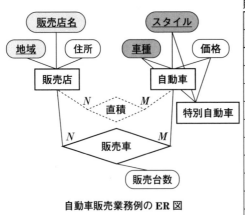

自動車販売業務例の ER 図

販売車　SalesCarT

地域	販売店名	車種	スタイル	販売台数
Location	Shop	Car	Style	SalesQty
東京	1号店	チェリー	セダン	・・・
東京	1号店	オリーブ	ワゴン	・・・
東京	1号店	アップル	セダン	・・・
東京	2号店	チェリー	セダン	・・・
東京	2号店	チェリー	ワゴン	・・・
東京	2号店	オリーブ	ワゴン	・・・
東京	2号店	アップル	セダン	・・・
東京	2号店	アップル	ワゴン	・・・
千葉	1号店	オリーブ	ワゴン	・・・
神奈川	1号店	チェリー	セダン	・・・
神奈川	1号店	チェリー	ワゴン	・・・
神奈川	1号店	オリーブ	ワゴン	・・・
神奈川	2号店	オリーブ	ワゴン	・・・
神奈川	2号店	アップル	セダン	・・・
神奈川	2号店	アップル	ワゴン	・・・

販売店　ShopT

地域	販売店名	住所
Location	Shop	Address
東京	1号店	・・・
東京	2号店	・・・
千葉	1号店	・・・
神奈川	1号店	・・・
神奈川	2号店	・・・

自動車　CarT

車種	スタイル	価格
Car	Style	Price
チェリー	セダン	・・・
チェリー	ワゴン	・・・
オリーブ	ワゴン	・・・
アップル	セダン	・・・
アップル	ワゴン	・・・

特別自動車　SpeCarT

車種	スタイル	価格
Car	Style	Price
チェリー	ワゴン	・・・
オリーブ	ワゴン	・・・

（a）　データベースの ER 図と対応する表

	問合せ例	商演算		商として出力する列		一致を比較する列		商（結果）
		被除表	除表	出力列1	出力列2	比較列1	比較列2	
（1）	すべての自動車（車種，スタイル）を販売している地域，販売店名は？	販売車	自動車	地域	販売店名	車種	スタイル	東京・2号店
（2）	すべての地域，販売店で販売されている車種，スタイルは？	販売車	販売店	車種	スタイル	地域	販売店名	オリーブ・ワゴン
（3）	すべての特別自動車（車種，スタイル）を販売している地域，販売店名は？	販売車	特別自動車		販売店名		スタイル	東京・2号店 神奈川・1号店
（4）	すべての自動車（車種，スタイル）を販売している地域は？	販売車	自動車	地域	—	車種	スタイル	東京 神奈川
（5）	すべての車種を販売している地域，販売店名は？	販売車	自動車		販売店名	車種	—	東京・1号店 東京・2号店

（b）　問合せ例とその結果の商

図 4.10　商演算の多角的活用例に使用するデータベースと問合せ

ともに結果（商）の行数は多くなる可能性があり，この例では実際に多くなっている.

　（4）　すべての自動車（車種，スタイル）を販売している地域は？

　（5）　すべての車種を販売している地域，販売店名は？

本項で示した商演算の SQL に当てはめて，各問合せの SQL は以下のように書ける.

（1）　`select distinct` **Location** , **Shop** `from` **SalesCarT** X

　　　`where not exists (select * from` **CarT** Y `where not exists`

　　　`(select * from` **SalesCarT** Z

　　　　`where` Z.**Location**＝X.**Location** `and` Z.**Shop**＝X.**Shop**

　　　　`and` Z.**Car**＝Y.**Car** `and` Z.**Style**＝Y.**Style**));

（2）　`select distinct` **Car** , **Style** `from` **SalesCarT** X

　　　`where not exists (select * from` **ShopT** Y `where not exists`

　　　`(select * from` **SalesCarT** Z

　　　　`where` Z.**Car**＝X.**Car** `and` Z.**Style**＝X.**Style**

　　　　`and` Z.**Location**＝Y.**Location** `and` Z.**Shop**＝Y.**Shop**));

（3）　`select distinct` **Location** , **Shop** `from` **SalesCarT** X

　　　`where not exists (select * from` **SpeCarT** Y `where not exists`

　　　`(select * from` **SalesCarT** Z

　　　　`where` Z.**Location**＝X.**Location** `and` Z.**Shop**＝ X.Shop

　　　　`and` Z.**Car**＝Y.**Car** `and` Z.**Style**＝Y.**Style**));

（4）　`select distinct` **Location** `from` **SalesCarT** X

　　　`where not exists (select * from` **CarT** Y `where not exists`

　　　`(select * from` **SalesCarT** Z

　　　　`where` Z.**Location**＝X.**Location**

　　　　`and` Z.**Car**＝Y.**Car** `and` Z.**Style**＝Y.**Style**));

（5）　`select distinct` **Location** , **Shop** `from` **SalesCarT** X

　　　`where not exists (select * from` **CarT** Y `where not exists`

　　　`(select * from` **SalesCarT** Z

　　　　`where` Z.**Location**＝X.**Location** `and` Z.**Shop**＝X.**Shop**

　　　　`and` Z.**Car**＝Y.**Car**));

　なお，除表の中身のデータを用いれば，商演算を使用しなくても同一の結果を求める SQL が書ける場合もあるが，商演算では除表の中身のデータを用いなくても求められる演算であることに注意してほしい．特に除表の中身のデータが増減する場合に有効である.

4.4.9　問合せのまとめ

リレーショナル代数の8種の演算をすべて実行できることを**関係完備**（**relational complete**）であるという．ここまで説明したように，SQLは関係完備である．

問合せの基本的な書式をまとめるとつぎのようになる（後ろ見返し参照）．各句の順序は変更できない．

select ［{distinct|all}］ {*| **値式** ［as '**別名**'］ ［, **値式** ［as '**別名**'］…］}
from **表名** ［**相関名**］ ［, **表名** ［**相関名**］…］
［where **探索条件**］
［group by **列名** ［{asc|desc}］ ［, **列名** ［{asc|desc}］…］
［having **探索条件**］
［order by **列名** ［{asc|desc}］ ［, **列名** ［{asc|desc}］…］
値式 { **列名** | **定数** | **算術演算式** | **集合関数** }

4.5　デ ー タ 更 新

データ更新では，行の挿入と削除，および行の列の値の変更ができる．整合性制約違反とならないように，データの内容，更新の順序を注意する必要がある．

（注）例題データベースは初期状態から始まり，**U1 以降の SQL** で順次更新されていった状態で説明していく．なお，本節を学習した後は例題データベースを初期状態に戻しておくことを推奨する（付録5参照）．

4.5.1　挿　　　　　入

表中に新しい行を挿入（追加）する．

【**書式**】　insert into **表名** ［(**列名** ［, **列名**］…)］
　　　　　　　　{values (**値指定** ［, **値指定**］…) | **問合せ式**}

表名に続く列名を省略したときは，その表のすべての列を左から順に指定したのと同等である．values 句で指定した値が左から順に対応する列の値として入る．values 句の値指定の代わりに null を用いることも可能である．列数と values 句での値指定の数は同一でなければならない．

列名を指定したときは，指定した列にのみ values 句で指定した値が左から順に対応する列の値として入る．指定した列数と values 句で値指定の数は同一でなければならない．

values 句では算術演算式を指定できない．

values 句で問合せ式を使用すると，その問合せの導出表が表に挿入される．insert into のつぎの表名は，問合せ式中の表名と同じであってはならない．

【U1】　表「Y 会員」へ会員情報を挿入する.

```
insert into YMemberT values ('Z001','下荻野 学',31,'D',null);
```

【U2】　挿入する列名を指定してつぎのようにも書ける（列名と値指定がその順序
　　　　で挿入される. 列名の順が変わっていてもその列に挿入される）.

```
insert into YMemberT (MemberID,Name,Age,GName)
values ('Z002','海老名 俊',32,'D');
```

【UC1】,【UC2】　U1, U2 を確認する.

```
select * from YMemberT;
```

MemberID	Name	Age	GName	GLeaderID	
S001	葉山 剛史	25	NULL	NULL	
S002	三浦 智士	27	NULL	NULL	
Y001	森里 拓夢	30	C	Y001	
Y002	上荻野 亮	30	C	Y001	
Z001	下荻野 学	31	D	NULL	←挿入の確認
Z002	海老名 俊	32	D	NULL	←挿入の確認

【U3】　表「Y 会員」のグループ D の会員情報を,表「X 会員」へ挿入する.

```
insert into XMemberT select * from YMemberT where GName='D';
```

【UC3】　U3 を確認する.

```
select * from XmemberT;
```

MemberID	Name	Age	GName	GLeaderID	
S001	葉山 剛史	25	NULL	NULL	
S002	三浦 智士	27	NULL	NULL	
X001	横浜 優一	36	A	X003	
X002	横須賀 浩	18	A	X003	
X003	厚木 広光	26	A	X003	
X004	川崎 一宏	31	B	X005	
X005	秦野 義隆	42	B	X005	
X006	鎌倉 雄介	22	B	X005	
X007	逗子 哲	39	B	X005	
Z001	下荻野 学	31	D	NULL	←挿入の確認
Z002	海老名 俊	32	D	NULL	←挿入の確認

4.5.2　変　　　　更

　特定の行,あるいはすべての行の列の値を変更する.

【書式】　update 表名 set 列名＝値式 ［, 列名＝値式…］［where 探索条件］

　探索条件で真となった行が変更の対象となる. where を省略するとすべての行

が対象となる．対象行において，set 句の列の値が値式に置き換わる．値式の代わりに null を指定することも可能である．

【U4】　表「Y 会員」のグループ C のリーダを「Y002」にする．

```
update YMemberT set GLeaderID＝'Y002' where GName＝'C';
```

【UC4】　U4 を確認する．

```
select * from YMemberT;
```

MemberID	Name	Age	GName	GLeaderID
S001	葉山　剛史	25	NULL	NULL
S002	三浦　智士	27	NULL	NULL
Y001	森里　拓夢	30	C	Y002
Y002	上荻野　亮	30	C	Y002
Z001	下荻野　学	31	D	NULL
Z002	海老名　俊	32	D	NULL

【U5】　表「Y 会員」の全員の年齢を 1 歳増やす．

```
update YMemberT set Age＝Age＋1;
```

【UC5】　U5 を確認する．

```
select * from YMemberT;
```

MemberID	Name	Age	GName	GLeaderID
S001	葉山　剛史	26	NULL	NULL
S002	三浦　智士	28	NULL	NULL
Y001	森里　拓夢	31	C	Y002
Y002	上荻野　亮	31	C	Y002
Z001	下荻野　学	32	D	NULL
Z002	海老名　俊	33	D	NULL

4.5.3　削　　　　除

特定の行，あるいはすべての行を削除する．

【書式】　delete from 表名　[where 探索条件]

探索条件で真となった行が削除される．where がない場合は，すべての行が削除される．ただし，表そのものが削除されるのではないので，再び行を挿入することは可能である．

【U6】　表「Y 会員」でグループ名が D の会員を削除する．

```
delete from YMemberT where GName＝'D';
```

【UC6】 U6 を確認する．

```
select * from YMemberT;
```

MemberID	Name	Age	GName	GleaderID
S001	葉山 剛史	26	NULL	NULL
S002	三浦 智士	28	NULL	NULL
Y001	森里 拓夢	31	C	Y002
Y002	上荻野 亮	31	C	Y002

【U7】 表「X 家族」の全員を削除する．

```
delete from XFamilyT;
```

【UC7】 U7 を確認する．

```
select * from XFamilyT;
```

※ この SQL の実行による結果は，つぎのように出力なしと表示される．

```
Empty set
```

4.5.4 整合性制約違反となる更新

主キー制約違反，外部キー制約違反となる更新を説明する．

（1） **主キー制約違反となる更新**　主キーが重複するようなデータの挿入，変更である．

【WU1】 表「会社」へ誤った会社情報を挿入する．

```
insert into CorpT values ('A011','だめ会社',null);
```

【WU2】 表「会社」で会社情報を誤って変更する．

```
update CorpT set CorpID = 'A012' where CorpName = '墨田書店';
```

いずれも主キーの値が重複するので実行されない．

（2） **外部キー制約違反となる子表の更新**　参照元の子表への挿入，変更により，外部キーの値が参照先の親表の参照キー（主キー）に存在しない値となる場合である（図 2.5（b）参照）．

【WU3】 子表「注文」へ誤った注文情報を挿入する．

```
insert into OrderT values ('16005','2021/7/7','D001');
```

【WU4】 子表「注文」で会社 ID を誤って変更する．

```
update OrderT set OCorpID = 'D002' where OrderID = '16001';
```

いずれも親表「会社」に存在しない主キーを参照するので実行されない．

（3）　**外部キー制約違反となる親表の更新**　　親表のデータの削除，変更により，子表の外部キーの値が，親表の参照キー（主キー）に存在しない値となる場合である（図 2.5（c）参照）.

【**WU5**】　**親表「会社」から会社情報を誤って削除する**.

```
delete from CorpT where CorpName = '丹沢商会';
```

【**WU6**】　**親表「会社」で会社 ID を誤って変更する**.

```
update CorpT set CorpID = 'D003' where CorpName = '丹沢商会';
```

　いずれも子表「注文」から参照できなくなるので実行されない.

（4）　**外部キーの参照先が自身の表の削除**　　外部キーの参照先が自身の表の削除は外部キー制約違反となるので実行されない. しかし，削除が必要であれば，先に参照を切ることによって可能となる.

【**WU7**】　**表「Y 会員」の全会員を削除する**.

```
delete from YMemberT;
```

　「グループリーダ ID」が外部キーで，自表の主キー「会員 ID」を参照しているので実行されない.

　先に，「グループリーダ ID」をナルにすれば，参照されなくなるので削除できる.

【**WU7-G**】　**表「Y 会員」の全会員を削除する**.

```
update YMemberT set GLeaderID = null;
delete from YMemberT;
```

【**WU7-GC**】　**WU7-G を確認する**.

```
select * from YMemberT;
Empty set
```

4.6　ビ　　ュ　　ー

　ビュー（**view**）とは表または複数の表から条件に適合する部分を取り出された導出表に名前をつけて永続化した仮想的な表である. ビューは，表と同じように，検索の対象となる. また，ビューからさらにビューを定義することもできる. 表とビューを強調する場合は，それぞれ**実表**，**ビュー表**ということもある.

　ビューのインスタンスは固定的に実在しているのではなく，ビューを検索したときに定義のSQLが実行されインスタンスが導出される．したがって，ビューを検索した時点が異なれば（実表などの更新により），ビューのインスタンスが異なっている場合もある．

　ビューは1.4節で説明したANSI/X3/SPARC 3層スキーマアーキテクチャの外部スキーマに相当する．

　（注）　例題データベースは初期状態から始まり，**V1**以降のSQLで順次更新されていった状態で説明していく．なお，本節を学習した後は例題データベースを初期状態に戻しておくことを推奨する．また，同じ名前のビューは再度定義できないので，ビューを削除しておくことを推奨する．ビューの削除はdrop view **ビュー名**；である（付録5参照）．

4.6.1　ビューの定義と利用

create viewによりビューを定義する．

【書式】　create view **ビュー名**［(**列名**［**, 列名**］…)］as **問合せ式**

　問合せの導出表を「ビュー名」というビューとして使用できる．

　ビュー名とともにビューの列名を指定することができる．ビュー名に続く列名を省略したときは導出表の列名が使用される．

　実表のデータが更新（挿入，変更，削除）されると，対応するビュー表のデータにも反映される（**図4.11**参照）．

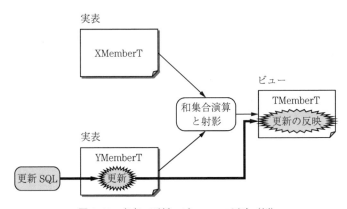

図4.11　実表の更新のビューへの反映（例）

【V1】　**商品名がパソコンだけの注文明細のビュー「PC」を定義する．**

```
create view PC as select * from DetailT where Item='パソコン';
```

【VC1】　V1 を確認する.

```
select * from PC;
```

OrderID	Item	Price	Qty
16001	パソコン	100	2
16003	パソコン	90	3

【V2】　X 会員と Y 会員の統合名簿のビュー「**TMemberT**」を定義する. ただし, 列は会員 ID, 名前, グループ名, グループリーダ ID にする.

```
create view TMemberT as
select MemberID,Name,GName,GLeaderID from XMemBerT
union
select MemberID,Name,GName,GLeaderID from YMemberT;
```

【VC2】　V2 を確認する.

```
select * from TMemberT;
```

MemberID	Name	GName	GLeaderID
S001	葉山 剛史	NULL	NULL
S002	三浦 智士	NULL	NULL
X001	横浜 優一	A	X003
X002	横須賀 浩	A	X003
X003	厚木 広光	A	X003
X004	川崎 一宏	B	X005
X005	秦野 義隆	B	X005
X006	鎌倉 雄介	B	X005
X007	逗子 哲	B	X005
Y001	森里 拓夢	C	Y001
Y002	上荻野 亮	C	Y001

　※　このように, 特定の列のみを出力することによって, そのビューを使用する
　　ユーザには他の列を使用させないというセキュリティ上の効果もある (この
　　例では年齢を出力から除いている).

【V3】　ビュー「**TMemberT**」において, グループリーダをやっている会員のグ
　　ループ名と名前を求める (ビューの検索).

```
select GName,Name from TMemberT where MemberID=GLeaderID;
```

GName	Name
A	厚木 広光
B	秦野 義隆
C	森里 拓夢

【V4】 ビュー「**TMemberT**」において, グループリーダをやっている会員のグ
　　　　ループ名と名前からなるビュー「**TLMemberT**」を定義する（ビューから
　　　　ビューの定義）.

```
create view TLMemberT as
select GName as 'グループ名',Name as 'リーダ名' from TMemberT
where MemberID＝GLeaderID;
```

【VC4】 **V4 を確認する**.

```
select * from TLMemberT;
```

グループ名	リーダ名
A	厚木 広光
B	秦野 義隆
C	森里 拓夢

【V5】 **Y 会員のグループ名の C を D に, 実表上で変更する**.

```
update YMemberT set GName＝'D' where GName ＝ 'C';
```

【VC5】 **実表の変更が, ビュー「TMemberT」に反映されることを確認する**（図
　　　　4.11 参照）.

```
select * from TMemberT;
```

MemberID	Name	GName	GLeaderID	
S001	葉山 剛史	NULL	NULL	
S002	三浦 智士	NULL	NULL	
X001	横浜 優一	A	X003	
X002	横須賀 浩	A	X003	
X003	厚木 広光	A	X003	
X004	川崎 一宏	B	X005	
X005	秦野 義隆	B	X005	
X006	鎌倉 雄介	B	X005	
X007	逗子 哲	B	X005	
Y001	森里 拓夢	D	Y001	←変更の反映
Y002	上荻野 亮	D	Y001	←変更の反映

4.6.2　ビューに対する更新操作

　実表から選択と射影だけを行って導出したビュー表は更新が可能であり, このよ
うなビューを**更新可能なビュー**（**updatable view**）という. 更新可能なビューに
対し更新を行うともとの実表に反映され, さらにその実表から別のビュー表が導出
されていると, そちらへも反映される（**図 4.12** 参照）.

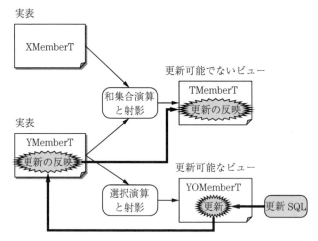

図4.12　ビューに対する更新と実表への反映（例）

　ビュー表の更新は，ビュー表は仮想で実体がないので，実はビュー[†1]を通した実表の更新であり，その更新がビュー表に反映されているのである[†2]（**図4.13**参照）．これにより，実表およびそれから導出されたビュー表がいくつあっても，それぞれに対して更新が正しく反映される．このことを理解すれば，どのようなビュー表が更新可能かは理解できる．ビュー表の各フィールド（行，列）が，もとの実表のフィールドの何処に対応しているかが明確であることが更新可能の条件である（**図4.14**参照）．実表から選択と射影だけを行って導出したビュー表ではこの条件が満たされる．この他にも，単純な結合を行って導出したビュー表などでも，

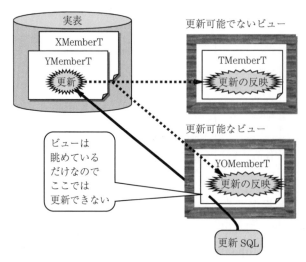

図4.13　ビューに対する更新のメカニズム

---

† 1　ビュー（view）はその名のとおり眺めるだけで，加工（更新）することはできない．
† 2　正確にはビューが参照されたときに反映される．

実表

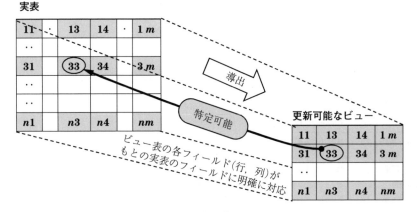

図 4.14　更新可能なビュー

フィールドの対応が明確な場合は更新可能となる.

　更新（挿入，変更，削除）を一括りにして説明してきたが，変更と削除に関しては前述の条件で問題ない．挿入に関してはさらにもう一つ条件がある．射影を行って導出されたビューに対して挿入を行うと，実表の射影されていない列には値が入らない．したがって，ビュー表に対して挿入が可能となるのは，もとの実表のNOT NULL 指定されている列をすべて射影していることが条件となる.

　要約すると，もとの実表に対して整合性制約を満たす更新が可能な場合のみ，ビューの更新が可能である.

【V6】　**Y 会員で，会員 ID が Y で始まる会員だけからなるビュー「YOMemberT」を定義する．ただし列は，会員 ID，名前，年齢にする（このビューは更新可能（挿入も可能）なビューである）.**

```
create view YOMemberT as select MemberID, Name,Age
from YMemberT where MemberID like 'Y%';
```

【VC6】　**V6 を確認する.**

```
select * from YOMemberT;
```

MemberID	Name	Age
Y001	森里 拓夢	30
Y002	上荻野 亮	30

【V7】　**ビュー「YOMemberT」で，会員 ID が Y002 の会員の名前を山本 亮に変更する.**

```
update YOMemberT set Name= '山本 亮' where MemberID= 'Y002';
```

【V8】 ビュー「**YOMemberT**」に（'Y003','蔦尾 詠滋',32）を挿入する．

```
insert into YOMemberT values ('Y003','蔦尾 詠滋',32);
```

【VC7】 **V7** と **V8** が実表に反映されていることを確認する（図 4.12 参照）．

```
select * from YmemberT;
```

MemberID	Name	Age	GName	GLeaderID	
S001	葉山 剛史	25	NULL	NULL	
S002	三浦 智士	27	NULL	NULL	
Y001	森里 拓夢	30	D	Y001	
Y002	山本 亮	30	D	Y001	←変更の反映
Y003	蔦尾 詠滋	32	NULL	NULL	←挿入の反映

【VC8】 ビュー「**TMemberT**」にも反映されることを確認する（図 4.12 参照）．

```
select * from TMemberT;
```

MemberID	Name	GName	GLeaderID	
S001	葉山 剛史	NULL	NULL	
S002	三浦 智士	NULL	NULL	
X001	横浜 優一	A	X003	
X002	横須賀 浩	A	X003	
X003	厚木 広光	A	X003	
X004	川崎 一宏	B	X005	
X005	秦野 義隆	B	X005	
X006	鎌倉 雄介	B	X005	
X007	逗子 哲	B	X005	
Y001	森里 拓夢	D	Y001	
Y002	山本 亮	D	Y001	←変更の反映
Y003	蔦尾 詠滋	NULL	NULL	←挿入の反映

【V9】 ビュー「**YOMemberT**」から会員 **ID** が **Y003** の会員を削除する．

```
delete from YOMemberT where MemberID = 'Y003';
```

【VC9】 ビュー「**TMemberT**」に反映されることを確認する（図 4.12 参照）．

```
select * from TMemberT;
```

MemberID	Name	GName	GLeaderID
S001	葉山　剛史	NULL	NULL
S002	三浦　智士	NULL	NULL
X001	横浜　優一	A	X003
X002	横須賀 浩	A	X003
X003	厚木　広光	A	X003
X004	川崎　一宏	B	X005
X005	秦野　義隆	B	X005
X006	鎌倉　雄介	B	X005
X007	逗子　哲	B	X005
Y001	森里　拓夢	D	Y001
Y001	山本　亮	D	Y001

←削除の反映

4.6.3 注意が必要なビューに対する更新操作

ビューに対する更新操作は，実表の更新であることを理解していないと，予期しない結果を得る．例で説明する．

【V10】 表「注文」と表「注文明細」を自然結合したビュー「**OrderDetailT**」を定義する．

```
create view OrderDetailT as
select * from OrderT natural join DetailT;
```

【VC10】 V10 を確認する．

```
select * from OrderDetailT;
```

OrderID	ODate	OCorpID	Item	Price	Qty
16001	2021-04-15	A011	テーブルタップ	2	4
16001	2021-04-15	A011	ディスプレイ	45	2
16001	2021-04-15	A011	ハードディスク	50	1
16001	2021-04-15	A011	パソコン	100	2
16002	2021-05-11	B112	SD メモリカード	10	2
16002	2021-05-11	B112	ディジタルカメラ	30	1
16003	2021-05-17	A011	パソコン	90	3
16003	2021-05-17	A011	フィルター	6	2
16004	2021-06-23	A012	キャリアー	5	1
16004	2021-06-23	A012	ディスプレイ	40	3
16004	2021-06-23	A012	ノートパソコン	190	1
16004	2021-06-23	A012	バッテリー	9	1

【V11】 ビュー「**OrderDetailT**」において，パソコンの注文日を「**2021-12-22**」にする．

```
update OrderDetailT set ODate= '2021-12-22'
where Item= 'パソコン';
```

　※ この SQL の実行による行の変更は，つぎのように 2 行と表示される．

```
Rows matched: 2 Changed: 2 Warnings: 0
```

【VC11】 **V11 を確認する．**

```
select * from OrderDetailT;
```

OrderID	Odate	OCorpID	Item	Price	Qty	
16001	2021-12-22	A011	テーブルタップ	2	4	←変更
16001	2021-12-22	A011	ディスプレイ	45	2	←変更
16001	2021-12-22	A011	ハードディスク	50	1	←変更
16001	2021-12-22	A011	パソコン	100	2	←変更
16002	2021-05-11	B112	SD メモリカード	10	2	
16002	2021-05-11	B112	ディジタルカメラ	30	1	
16003	2021-12-22	A011	パソコン	90	3	←変更
16003	2021-12-22	A011	フィルター	6	2	←変更
16004	2021-06-23	A012	キャリアー	5	1	
16004	2021-06-23	A012	ディスプレイ	40	3	
16004	2021-06-23	A012	ノートパソコン	190	1	
16004	2021-06-23	A012	バッテリー	9	1	

　※ この結果において，パソコンの 2 行に加えて他の 4 行も変更されているのは，予想に反しているかもしれない．ビュー「OrderDetailT」の変更条件「Item ='パソコン'」は対応する実表「注文」において OrderID が 16001 と 16003 の 2 行の変更に対応しており，それが結合演算で定義されたビュー「OrderDetailT」に反映された結果である．この更新は変更対象のフィールドが特定可能であるため，更新が可能であった（図 4.14 参照）．しかし，ビューの定義と更新のメカニズムを理解していないと，この変更は予期しない結果と見える．

　このように，ビューの更新には注意を要する．この他にもビューの更新に関しては，データベースの意味的な解釈が難しい場合もある．更新可能なビューの定義には制約が強い．

4.6.4　ビューの効果

　ビューを用いることによって，データは一つの場所のみに記録し，活用は多くの場所でということがより容易になる．

　1 章でデータベースの意義のために用いた簡単な「学校データベース」の例を思い出してほしい．教務課システムと庶務課システムで学生の成績データを扱う．成績データを更新するのは教務課システムで，庶務課システムは参照するだけである．

教務課では学生の個々の科目の成績を記録し，その上で GPA などを計算し記録する．GPA は計算できるので，記録しないことやビューにすることも考えられる．

　庶務課では成績の詳細は不要で GPA だけあればよい．このため，庶務課システムでは学生の GPA だけを出力するビューを使用する．庶務課システムは自分で使用するアルバイトに関する表と，このビューを用いることにより自システムだけのデータを扱っているかのようにシステムを構築できる（開発の生産性が向上する）．しかも，成績は教務課の更新がそのまま反映されるのでデータの矛盾は生じない．

参　考　文　献

1) 原　潔：現場で役立つデータベースの知識，ソフトバンクパブリッシング（2003）.

2) 矢沢久雄：情報はなぜビットなのか，日経 BP 社（2006）.

3) 増永良文：データベース入門，サイエンス社（2006）.

4) C. J. Date：データベース実践講義，オライリー・ジャパン（2006）.

5) 飯沢篤志ほか：データベースおもしろ講座，共立出版（1993）.

6) 北川博之：データベースシステム，昭晃堂（1996）.

7) 山平耕作ほか：SQL スーパーテキスト，技術評論社（2004）.

8) 速水治夫ほか：IT Text データベース，オーム社（2002）.

9) ミックほか：おうちで学べる データベースのきほん，翔泳社（2015）.

10) ミック：リレーショナル・データベースの世界，http://mickindex.sakura.ne.jp/database/idx_database.html（参照 2020.4.14）

あ と が き

　著者は，卒業研究の指導を 20 年続けた．その前半では，研究室の卒業研究でデータベースを使用したシステムを構築する学生の多くが，データベース設計をしっかりやらないでプログラムを書き始めてしまったり，SQL で書けば簡単な問合せもプログラムで無理矢理実行したりしていた．このようなことから，システム構築に役立つデータベース設計と SQL の実力がつくような講義をしなければならないと感じ，本書の初版を上梓した．本書を用いた講義を受講した学生が研究室へ入ってくるようになり，前記のような学生が減ってきたので，本書執筆の狙いが正しかったと感じることができた．今回の改訂版の効果を著者は研究室で実感することはかなわないが，データベースを実践的に使いこなす学生がより増えることを願っている．

　今回の改訂版にあたって，著者の研究室で博士号を取得した鈴木浩 神奈川工科大学准教授には，最新の MySQL 8.0 でのデータインポートに関する情報が少ない中で，ご協力頂きました．大変感謝しております．

　初版執筆においてご指導，ご協力を頂いた原潔先生（日本ユニシス株式会社），佐藤哲司 筑波大学教授，五百蔵重典 神奈川工科大学教授，服部哲 駒澤大学教授のお名前を記して感謝の気持ちを表したいと思います．

付　　　　録

（付録1）　数学記号一覧

付表1　集合論の記号

記号	意味	使用例	解説
∈	要素	$x \in S$	「x が集合 S の要素である」ことを表す[*1].
		$\{x \in S \mid P(x)\}$ 省略形： $\{x \mid P(x)\}$	「集合 S の要素のうち，命題 $P(x)$ が真であるものすべてを集めた集合[*2]」を表す.
⊆	包含関係	$S \subseteq T$	「集合 S は集合 T の部分集合である」ことを表す. ⊆ は S と T が等しい場合を含み，
⊂		$S \subset T$	⊂ は S と T が等しい場合を含まない（これを真部分集合という）.

[*1]：「x が集合 S の要素である」のように一つの事実を述べた記述を「命題」という. この命題を「$x \in S$」という記号で表す.
[*2]：集合は中括弧「{ }」で記述する.

付表2　記号論理の記号

記号	意味	使用例	解説
∨	論理和	$P \vee Q$	「命題 P と命題 Q の少なくとも一方は真」という命題を表す.
∧	論理積	$P \wedge Q$	「命題 P と命題 Q がともに真」という命題を表す.
¬	論理否定	$\neg P$	「命題 P は偽」という命題を表す.
∀	全称記号	$(\forall x \in S) P(x)$	「集合 S のすべての要素 x に対して命題 $P(x)$ が成立する」ことを表す.
∃	存在記号	$(\exists x \in S) P(x)$	「集合 S の中に，命題 $P(x)$ が成立する要素が少なくとも一つ存在する」ことを表す.

（付録 2）　リレーショナル代数書式　簡便一覧

和集合演算　　$R \cup S$

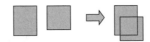

共通集合演算　$R \cap S$

差集合演算　　$R - S$

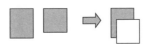

直積演算　　　$R \times S$

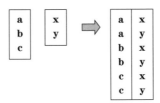

射影演算　　　$R[A_{i1}, A_{i2}, \cdots, A_{ik}]$

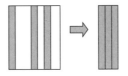

選択演算　　　$R[A_i \ \theta \ A_j]$

　　　　　　　$R[A_i \ \theta \ c]$

　　　　　　　$\theta : \ <, \ \leqq, \ =, \ \geqq, \ >, \ \neq$

結合演算　　　$R[A_i = B_j]S$

　　　　　　　$(R[A_i \ \theta \ B_j]S)$

商演算　　　　$R \div S$

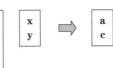

（付録3）　正規化処理 簡便一覧

（1）　第1正規形へ

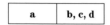

↓　集合の排除

（2）　第2正規形へ

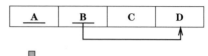

↓　部分関数従属性の排除

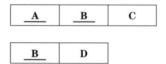

（3）　第3正規形へ

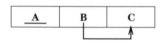

↓　推移的関数従属性の排除

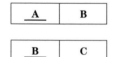

（4）　ボイス・コッド正規形へ

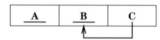

↓　非キー属性から
主キーの一部への
関数従属性の排除

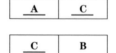

（5）　第4正規形へ

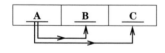

↓　多値従属性の排除

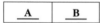

（6）　第5正規形へ

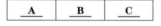

↓　結合従属性の排除

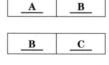

（付録 4）　概念モデル → 論理モデル変換方式　簡便一覧

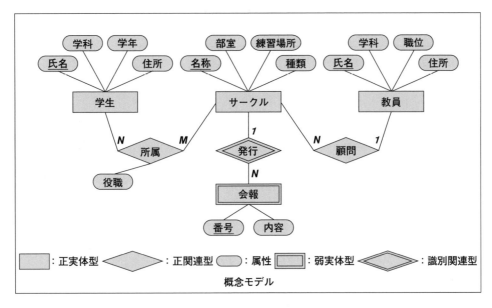

概念モデル

変換

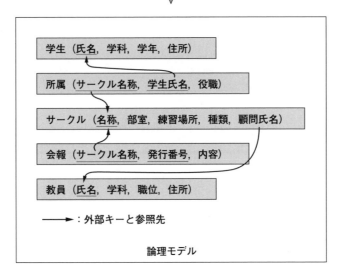

論理モデル

（付録5）　例題データベースの各表の定義文およびデータ挿入文

（注）　外部キーが参照している表を先に定義する.
表「CorpT」（会社）
```
create table CorpT (
  CorpID    char (4)     primary key,
  CorpName  varchar (20)  not null,
  CorpAddr  varachar (100));
```

表「OrderT」（注文）
```
create table OrderT (
  OrderID  char (5)  Primary key,
  ODate    date      not null,
  OCorpID  char (4)  not null,
  foreign key (OCorpID) references CorpT (CorpID));
```

表「DetailT」（注文明細）
```
create table DetailT (
  OrderID  char (5)            not null,
  Item     varchar (20)        not null,
  Price    int unsigned        not null,
  Qty      smallint unsigned   not null,
  primary key (OrderID,Item),
  foreign key (OrderID) references OrderT (OrderID));
```

表「PCsetT」（パソコンセット）
```
create table PCsetT (
  Item varachar (20) primary key);
```

表「XMemberT」（X会員）
```
create table XmemberT (
  MemberID  char (4)            primary key,
  Name      Varchar (10)        not null,
  Age       tinyint unsigined   not null,
  GName     char (1),
  GLeaderID char (4));
alter table XMemberT add foreign key (GLeaderID) references XMemberT
(MemberID);
```

表「XFamilyT」（X家族）
```
create table XfamilyT (
  MemberID  char (4)            not null,
  Name      varchar (10)        not null,
  Relation  char (4)            not null,
  Age       tinyint unsigend    not null,
  primary key (MemberID,Name),
  foreign key (MemberID) references XMemberT (MemberID));
```

表「YMemberT」（Y会員）
```
create table YMemberT (
  MemberID  char (4)           primary key,
  Name      varchar (10)       not null,
  Age       tinyint unsigned   not null,
```

```
  GName      Char (1),
  GLeaderID Char (4));
alter table YMemberT add foreign key (GLeaderID) references YMemberT
(MemberID);
```

各表へのデータ挿入文

(注1) 外部キーが参照している表へ先にデータを挿入する.

(注2) 外部キーの参照先が自身の表の場合は，参照される行へ先に挿入する.

```
insert into CorpT values ('A011','丹沢商会','秦野市 XX');
insert into CorpT values ('A012','大山商店','伊勢原市 YY');
insert into CorpT values ('B112','中津屋',null);
insert into CorpT values ('C113','墨田書店','東京都 ZZ');

insert into OrderT values ('16001', '2021/4/15', 'A011');
insert into OrderT values ('16002', '2021/5/11', 'B112');
insert into OrderT values ('16003', '2021/5/17', 'A011');
insert into OrderT values ('16004', '2021/6/23', 'A012');

insert into DetailT values ('16001','パソコン',100,2);
insert into DetailT values ('16001','ハードディスク',50,1);
insert into DetailT values ('16001','テーブルタップ',2,4);
insert into DetailT values ('16001','ディスプレイ',45,2);
insert into DetailT values ('16002','ディジタルカメラ',30,1);
insert into DetailT values ('16002','SD メモリカード',10,2);
insert into DetailT values ('16003','フィルター',6,2);
insert into DetailT values ('16003','パソコン',90,3);
insert into DetailT values ('16004','ノートパソコン',190,1);
insert into DetailT values ('16004','キャリアー',5,1);
insert into DetailT values ('16004','バッテリー',9,1);
insert into DetailT values ('16004','ディスプレイ',40,3);

insert into PCsetT values ('パソコン');
insert into PCsetT values ('ディスプレイ');

insert into XMemberT values ('X003','厚木 広光',26,'A','X003');
insert into XMemberT values ('X001','横浜 優一',36,'A','X003');
insert into XMemberT values ('X002','横須賀 浩',18,'A','X003');
insert into XMemberT values ('X005','秦野 義隆',42,'B','X005');
insert into XMemberT values ('X004','川崎 一宏',31,'B','X005');
insert into XMemberT values ('X006','鎌倉 雄介',22,'B','X005');
insert into XMemberT values ('X007','逗子 哲',39,'B','X005');
insert into XMemberT values ('S001','葉山 剛史',25,null,null);
insert into XMemberT values ('S002','三浦 智士',27,null,null);

insert into XFamilyT values ('X001','横浜 理恵子','妻',30);
insert into XFamilyT values ('X001','横浜 くみ子','子',4);
insert into XFamilyT values ('X002','横須賀 圭佑','父',44);
insert into XFamilyT values ('X002','横須賀 美沙緒','母',42);
insert into XFamilyT values ('X005','秦野 真由美','妻',40);

insert into YMemberT values ('Y001','森里 拓夢',30,'C','Y001');
insert into YMemberT values ('Y002','上荻野 亮',30,'C','Y001');
insert into YMemberT values ('S001','葉山 剛史',25,null,null);
insert into YMemberT values ('S002','三浦 智士',27,null,null);
```

【参考：例題データベースの初期化】
 （1） **表の全行削除文（定義と逆順で削除する）**

```
delete from DetailT;
delete from OrderT;
delete from CorpT;
delete from PCsetT;
delete from XFamilyT;
update XMemberT set GLeaderID = null;
delete from XMemberT;
update YMemberT set GLeaderID = null;
delete from YMemberT;
```

このあと，各表へのデータ挿入文を実行する．

 （2） **ビューの削除文**

```
drop view PC;
drop view TMemberT;
drop view TLMemberT;
drop view YOMemberT;
drop view OrderDetailT;
```

（付録6）　SQL 書式　簡便一覧（後ろ見返しにも掲載）

問合せ：
　select{*|[{distinct|all}] 値式 [as'別名'] [, 値式 [as'別名']…]}
　　from 表名 [相関名] [, 表名 [相関名]…]
　　[where 探索条件]
　　[group by 列名 [{asc|desc}] [, 列名 [{asc|desc}]…]
　　[having 探索条件]
　　[order by 列名 [{asc|desc}] [, 列名 [{asc|desc}]…]
　※　各句の順序は変更できない.

値式：{列名 | 定数 | 算術演算式 | 集合関数}

探索条件：述語と [and, or, not, (　)] で記述

述語：
　（1）　比較述語　　　　　値式 1 θ 値式 2　　　θ:{<|<=|=|>=|>|<>}
　（2）　BETWEEN 述語　　値式 1 [not] between 値式 2 and 値式 3
　（3）　IN 述語　　　　　　値式 [not] in (定数 [, 定数…])
　（4）　LIKE 述語　　　　　列名 [not] like パターン
　　　　　　　　　　　　　　「%」:0 個以上の任意文字,「_」:1 個の任意文字
　（5）　NULL 述語　　　　　列名 is [not] null

集合関数：
　（1）　総数　　　　　　　count({[{distinct|all}] 列名 |*})
　（2）　総和　　　　　　　sum([{distinct|all}] 列名)
　（3）　平均値　　　　　　avg([{distinct|all}] 列名)
　（4）　最大値　　　　　　max (列名)
　（5）　最小値　　　　　　min (列名)

副問合せ用述語：
　（1）　比較述語　　　　　値式 θ (副問合せ)
　（2）　IN 述語　　　　　　値式 [not] in (副問合せ)
　（3）　限定述語　　　　　値式 θ {all|any|some} (副問合せ)
　（4）　EXISTS 述語　　　exists (副問合せ)

更新
挿入：
　insert into 表名 [(列名 [, 列名] …)]{values (値指定 [, 値指定] …) | 問合せ式}

変更：
　update 表名 set 列名＝値式 [, 列名＝値式…] [where 探索条件]

削除：
　delete from 表名 [where 探索条件]

索　引

――― 著者略歴 ―――

1970 年　名古屋大学工学部応用物理学科卒業
1972 年　名古屋大学大学院工学研究科博士前期課程修了（応用物理学専攻）
1972 年
〜98 年　日本電信電話公社（現 NTT）勤務
1993 年　博士（工学）
1994 年
〜98 年　電気通信大学客員教授（兼務）
1997 年
〜2013 年　工学院大学非常勤講師（兼務）
1998 年　神奈川工科大学教授
2018 年　神奈川工科大学名誉教授

2004 年　Workflow Management Coalition (WfMC) Fellow
2007 年　情報処理学会フェロー

リレーショナルデータベースの実践的基礎（改訂版）
Practicing Base of Relational Database（Revised Edition）　　　　Ⓒ Haruo Hayami　2008

2008 年 12 月 26 日　初版第 1 刷発行
2020 年 10 月 15 日　初版第 10 刷発行（改訂版）

検印省略

著　者　速　水　治　夫
発 行 者　株式会社　コ ロ ナ 社
代 表 者　牛 来 真 也
印 刷 所　萩 原 印 刷 株 式 会 社
製 本 所　有限会社　愛 千 製 本 所

112-0011　東京都文京区千石 4-46-10
発行所　株式会社 コ ロ ナ 社
CORONA PUBLISHING CO., LTD.
Tokyo Japan
振替 00140-8-14844・電話 (03) 3941-3131 (代)
ホームページ https://www.coronasha.co.jp

ISBN 978-4-339-02914-7　C3055　Printed in Japan　　　　　　（齋藤）

SQL 書式　簡便一覧（付録 6 にも掲載）

問合せ :
  select{*|[{distinct|all}] **値式** [as'**別名**'] [, **値式** [as'**別名**']…]}
    from **表名** [**相関名**] [, **表名** [**相関名**]…]
    [where **探索条件**]
    [group by **列名** [{asc|desc}]] [, **列名** [{asc|desc}]…]
    [having **探索条件**]
    [order by **列名** [{asc|desc}]] [, **列名** [{asc|desc}]…]
  ※　各句の順序は変更できない.

値式 :〔**列名** | **定数** | **算術演算式** | **集合関数**〕

探索条件 : 述語と [and, or, not, ( )] で記述

述語 :
  （1）　比較述語　　　　　**値式** 1 θ **値式** 2　　　θ :{< | <= | = | >= | > | <>}
  （2）　BETWEEN 述語　　**値式** 1 [not] between **値式** 2 and **値式** 3
  （3）　IN 述語　　　　　**値式** [not] in (**定数** [, **定数**…])
  （4）　LIKE 述語　　　　**列名** [not] like **パターン**
  　　　　　　　　　　　　「%」：**0 個以上の任意文字**, 「_」：**1 個の任意文字**
  （5）　NULL 述語　　　　**列名** is [not] null

集合関数 :
  （1）　総数　　　　　　　count({[{distinct|all}] **列名** |*})
  （2）　総和　　　　　　　sum([{distinct|all}] **列名**)
  （3）　平均値　　　　　　avg([{distinct|all}] **列名**)
  （4）　最大値　　　　　　max (**列名**)
  （5）　最小値　　　　　　min (**列名**)

副問合せ用述語 :
  （1）　比較述語　　　　　**値式** θ （**副問合せ**）
  （2）　IN 述語　　　　　**値式** [not] in （**副問合せ**）
  （3）　限定述語　　　　　**値式** θ {all|any|some} （**副問合せ**）
  （4）　EXISTS 述語　　　exists （**副問合せ**）

更新
挿入 :
  insert into **表名** [(**列名** [, **列名**] …)] {values (**値指定** [, **値指定**] …) | **問合せ式**}

変更 :
  update **表名** set **列名** = **値式** [, **列名** = **値式**…] [where **探索条件**]

削除 :
  delete from **表名** [where **探索条件**]